导读版

穿越地平线
看看我们的地球

李四光 著

中国大百科全书出版社 知识出版社

图书在版编目（CIP）数据

穿越地平线：看看我们的地球：导读版 / 李四光
著 . -- 北京：知识出版社，2022.1
ISBN 978-7-5215-0484-2

Ⅰ . ①穿… Ⅱ . ①李… Ⅲ . ①地球科学－青少年读物
Ⅳ . ① P-49

中国版本图书馆 CIP 数据核字（2021）第 260876 号

穿越地平线：看看我们的地球（导读版）

李四光　著

出 版 人	姜钦云
图书统筹	李现刚　王云霞
责任编辑	王云霞　吴永星
责任印制	李宝丰
出版发行	知识出版社
地　　址	北京市西城区阜成门北大街 17 号
邮　　编	100037
网　　址	http://www.ecph.com.cn
电　　话	010-88390739
印　　刷	文畅阁印刷有限公司
开　　本	710 毫米 ×1000 毫米　1/16
字　　数	204 千字
印　　张	14.25
版　　次	2022 年 1 月第 1 版
印　　次	2024 年 1 月第 17 次印刷
书　　号	978-7-5215-0484-2
定　　价	24.00 元

本书资料卡

作者简介

李四光（1889—1971），中国人民政治协商会议全国委员会副主席，地质学家，中国地质事业的奠基人之一。李四光早年研究䗴科化石，创立了十项标准作为鉴定的依据，从而开拓了中国微体古生物研究的道路，并解决了华北主要煤系地层的时代问题。他是中国第四纪冰川的发现者和研究的奠基人。他以力学观点研究构造形迹的发生、发展及组合的规律，建立了构造体系的概念，创建了地质力学学派，为研究地壳的构造和运动规律开辟了新途径。

从20世纪50年代起，李四光十分注意构造体系对矿产分布的控制，指出新华夏体系广阔的含油远景，为此，"在大庆油田发现过程中的地球科学工作"获得1982年国家自然科学奖一等奖（集体）；他的关于中国构造体系及其应用的研究获1982年国家自然科学奖二等奖。20世纪60～70年代倡议将地应力分析用于地震及地区稳定性研究，取得了重大成效。

其主要著作有《地球表面形象变迁之主因》《中国北部之䗴科》《中国地质学》《地质力学之基础与方法》等。为纪念李四光，1989年国家设立李四光地质科学奖。

🖋 内容简介

本书是一本颇为专业的地质科普读物，书中分别从天文、地理、地质、地热等方面分析了地球的年龄，介绍了地球形状、地壳、地质等地球的基本信息，讲述了冰川、陆地的变化及人类的出现，解释了地震的形成与学说，探讨了地热、燃料、石油和地质结构之间的关系，并且阐述了煤炭与现代人类生活的关系。

本书内容是李四光从事地质研究工作后陆续所写的随笔短篇和谈艺录，有的是他参加学术会议时的发言稿，有的是开设讲座时的演讲稿，有的是一些关于地球的基本介绍，以及他对后辈寄予的深切希望，所以结构上和现代文集相比略微松散，再加上年代相去较远，语言习惯略有差异，为体现作品的原貌，编者在编校过程中，保留了原作品的语言特点。大家在阅读的过程中要细心、耐心，注意理解，多去查找相关资料。

通过对书中李四光的地质观的阅读与理解，不仅能激发我们了解地球和人类及其他生物的好奇心，也能培养我们对科学的热爱，对自然的崇拜。就像李四光爷爷所说的那样——"只有具有这种热爱的人，才能无私地去钻研科学，用科学的成就来发展祖国的生产能力，提高文化水平，从而把那些宝贵的成就贡献给全体人类，丰富他们的生活。"

目录

地球年龄 "官司"

？文前小问号

既然是"官司"，就一定很复杂，那么，关于地球的年龄问题，到底有多复杂呢？

地球的年龄，并不是一个新颖的问题。在那上古的时代早已有人提及了。例如那加尔底亚人[①]（Chaldeans）的天文学家，不知用了什么方法，算出世界的年龄为21.5万岁。波斯的琐罗亚斯德（Zoroaster）一派的学者说世界的存在，只限于1.2万年。中国俗传世界有12万年的寿命。这些数目当然没有什么意义。古代的学者因为不明白自然的历史，都陷于一个极大的误解，那就是他们把人类的历史，生物的历史，地球的历史，乃至宇宙的历史，当作一件事看待。意谓人类出现以前，就无

点评

说明人们对地球年龄的探究已经进行很久了。

字词释义

此处"意谓"是本书作者的语言使用习惯。可以翻译为"这就意味着"。

---

① 今通译作"迦勒底人"。——编者注

所谓宇宙，无所谓世界。

中古以后，学术渐渐萌芽，荒诞无稽的传说，渐渐失却信用。然而西元 1650 年时，竟有一位有名的英国主教阿瑟（Bishop Ussher），曾大书特书，说世界是西元前 4004 年造的！

从 18 世纪的中叶到 19 世纪的初期，地质学、生物学与其他自然科学同一步调，向前猛进。德国出了伟尔纳（Werner），英国出了哈同（Hutton），法国出了蒲丰（Buffon）、陆谟克（Lamarck）以及其他著名的学者。他们关于自然的历史，虽各怀己见，争论激烈，然而在学术上都有永垂不朽的贡献。俟后英国的生物学家达尔文（Charles Darwin）、华勒斯（Alfred Russel Wallace）、赫胥黎（Huxley）诸氏，再将生物进化的学说公之于世。于是一般的思想家才相信人类出现以前，已经有了世界。那无人的世界，又可据生物递变的情形，分为若干时代，每一时代大都有陆沉海涸的遗痕，然则地球历史之长，可想而知。至此，地球年龄的问题，始得以正式成立。

就理论上说，地球的年龄，应该是地质学家劈头碰到的一个大问题，然而事实不然，哈同以后，地质学家的活动，大半限于局部的研究。他们对于一层岩石、一块化石的考察，不厌精详；而对过去年代的计算，都淡焉漠焉视之，一若那种的讨论，非分内之事。实则地质学家并非抛弃了那个问题，只因材料尚未充足，不愿多说闲话。待到克尔文（Lord Kelvin）关于地球的年龄发表意见的时候，地质学家方面始有一部分人觉得克氏所定的年龄过短，他的立论，也未免过于专断。这位物理学

字词释义

俟后（sì hòu）：这里理解为其后、后来的意思。

字词释义

陆沉海涸（lù chén hǎi hé）：陆地沉降，海洋干涸。形容地质变化。

家不独不顾地质学上的事实,反而嘲笑他们。克氏说:"地质学家看太阳如同蔷薇看养花的老头儿似的。蔷薇说道,养我们的那一位老头儿必定是很老的一位先生,因为在我们蔷薇记忆之中,他总是那样子。"

物理学家既是这样地挑战,自然弄得地质学家到忍无可忍的地步,于是地质学家方面,就有人起来同他们讲道理。

所以地球年龄的问题,现在成了天文、物理、地质三家公共的问题。

修辞

这里把"地质学家看太阳"和"蔷薇看养花的老头儿"进行类比。又运用拟人修辞,把蔷薇人格化。

点评

这就意味着,地球年龄的问题,不仅仅是地质领域的问题,也可以是其他学科领域的研究课题。

日积月累

荒诞无稽 大书特书 各怀己见 永垂不朽 不厌精详

拓展训练

"就理论上说,地球的年龄,应该是地质学家劈头碰到的一个大问题",你怎么理解该句中的"劈头"这个词?假如让你换一个词,你该如何选择?

延伸思考

1. 关于"上古""中古""近古",这"三古"该怎么划分?

2. 关于地球的年龄,为什么各学科领域、各领域科学家会有如此的纷争?

我的笔记

_____

_____

_____

_____

_____

天文学地球年龄的说法

？文前小问号

　　天文学的观点认为地球有多少岁了呢？他们的依据是什么？会有足够的说服力吗？

点评

　　为了说明问题，作者先后列举了很多专家学者的研究结论和观点，可见作者学识渊博，知识面之深广。

字词释义

　　如若：如果、假使的意思。

　　1749 年，丹索（Dunthorne）依据比较古今日蚀时期的结果，倡言现今地球的旋转，较古代为慢。其后百余年，亚当斯（Adams）对于这件事又详加考究，并算出每 100 年地球的旋转迟 22 秒，但亚氏曾申明他所用的计算的根据，不是十分可靠。康德（Kant）在他宇宙哲学论中曾说到潮汐的摩擦力能使地球永远减其旋转的速率，一直到汤姆孙（J.J.Thomson）的时代，他又把这个问题提起来了。汤氏用种种方法证明地球的内部比钢还要硬。他又从热学上着想，假定地球原来是一团热汁，自从冷却结壳以后，它的形状未曾变更。如若我们承认这个假定，那是由地球现在的形状，不难推测当初凝结之时它能保持平衡的旋转速率。至若地球的扁度，可用种种方法测出。旋转速率减少之率，也可由历史上或用旁的方法求出。假若减少之率通古今不变，那么，从它初结壳到今天的年龄，不难求出。据汤氏这样计算的结果，他说地球的年龄顶多不过10亿年。但是他又说如若比1亿年还多，地球在赤道的凸度比现在的凸度应该还要大，而两极应较现在的两极还要平。汤氏这一回计算中所用的假定可算得不少。头一件，他说地球的中央比钢还硬些。我们从天体力学上着想，倒是与他的意见大致不差；但从地震学方面得来的消息，不能与此一致。况且地球自结壳以后，其形状有无变更，其旋转究竟是怎样地变更，我们无法确定。汤氏所用的假定，既有些可疑的地方，他所得的结果，当然是可疑的。

达尔文佐治（Geo.Darwin）氏从地月系的运转与潮汐的关系上，演绎出一种极有趣的学说，大致如下所述：地球受了潮汐的影响，渐渐减少旋转能，是我们都知道的。按力学的原则，这个地月系全体的旋转能应该不变，今地球的旋转能既减少，所以月球在它的轨道上旋转能应该增大，那就是由月球到地球的距离非增加不可。这样看来，愈到古代，月球离地球愈近。推其极端，应有一个时候，月球与地球几乎相接，那时的地球或者是一团黏性的液质，全体受潮汐的影响当然更大。据达氏的意见，地球原来是液质，当然受太阳的影响而生潮汐。有一时这团液质自己摆动的时期，恰与日潮的时期相同，于是因同摆的现象，摆幅大为增加，一部分的液质就凸出了很远，卒致脱离原来的那一团液质，成了它的卫星，

字词释义

至若：表示提出另一个话题，用在下文的开头，可译为"至于"。

字词释义

天体力学是天文学中较早形成的一个分支学科，它主要应用力学规律来研究天体的运动和形状。

点评

李四光用凝练的语言，高度概括了达尔文佐治氏计算地球年龄的依据。可见其语言应用能力的高超。

这就是月球。当月球初脱离地球的时候，这个地月系的运转比现在快多了，那时1月与1日相等，而1日不过约与现在的3点钟相当。从日月分离以来，每月每日的时间都渐渐变长了。

近来辰柏林（T.C.Chamberlin）等，考究因潮汐的摩擦使地球旋转的问题，颇为精密。他们曾证明大约每50万年1天延长1分。这个数目与达氏所算出来的数目相差太远了。达氏主张的潮汐与地月转运学说，虽不完全，他所标出来的地球各期的年龄，虽不可靠，然而以他那样的苦心孤诣，用他那样数学的聪明才力，发挥成文，真是堂堂皇皇，在科学上永久有他的价值存在。

日积月累

苦心孤诣　堂堂皇皇

拓展训练

为本文中下列词语找同义词：

倡言（　　）

考究（　　）

辛致（　　）

延伸思考

1. 什么是潮汐现象？

2. 什么是同摆的现象？你见过这种现象吗？

天文理论说地球年龄

？文前小问号

涉及地球年龄问题的天文理论主要有哪些？它们又是怎样界定地球年龄的？

在讨论这个方法以前，我们应知道几个天文学上的名词。

地球顺着一定的方向，从西到东，每日自转一次，它这样旋转所依的轴，名曰地轴。地轴的两端，名曰南北极。今设想一平面，与地轴成直角，又经过地球的中心，这个平面与地面交切成圆形，名曰赤道；与"天球"交切所成的圆，名曰天球赤道。天球赤道与地球赤道既同在这一个平面上，所以那个平面统名曰赤道平面。地球一年绕日一周，它的轨道略呈椭圆形。太阳在这椭圆的长轴上，但不在它的中央。长轴被太阳分为长短不等的两段，长段与地球的轨道的交点名曰远日点，短段与

✐ 点评

作者开篇如此布局，纯属是为了方便读者阅读，便于大家理解。真是个细心、体贴、为读者着想的好作者。

✐ 阅读提示

本段涉及很多天文地理专业名词，请大家一定要注意理解。如果个人难以理解，可以求助其他人或者通过画图的方式辅助理解。

地球轨道的交点名曰近日点。太阳每年穿过赤道平面两次。由赤道平面以北到赤道平面以南，它非经过赤道平面不可，那个时候，名曰秋分。由赤道平面以南到赤道平面以北，又非经过赤道平面不可，那个时候，名曰春分。当春分的时候，由地球中心经过太阳的中心做一直线向空中延长，与天球相交的一点，名曰白羊宫（Aries）的起点。昔日这一点在白羊宫星宿里，现在在双鱼宫（Pisces）星宿里，所以每年春分秋分时，地球在它轨道上的位置稍稍不同。逐年白羊宫的起点的迁移，名曰春秋的推移（Precession of equinoxes）。在西元前134年，喜帕卡斯（Hipparchus）已经发现这个事实。牛顿证明春秋之所以推移，是地球绕着斜轴旋转的结果，我们也可说是日月及行星推移的结果。春分秋分既然渐渐推移，地轴当然是随之迁向，所以北极星的职守，不是万世一系的。现在充这个北极星的是小熊星（Ursae Minoris），它并不在地轴的延长线上。

拉普拉斯（Laplace）曾确定一件事实，那就是地球受其他行星的牵扰，其轨道的扁度按期略有增减，有时较扁，有时与圆形相去不远。但是据刻卜勒（Kepler）的定律，行星的周期，与它们轨道的长轴相关密切，二者之中，如有一项变更，其余一项，不能不变。又据兰格伦日（Lagrange）的学说，行星的牵扰，绝不能永久使地球轨道的长轴变更，所以地球的轨道，即令变更，其变更之量必小，而其每年运行所要的时间，概而言之，可谓不变。

阿得马（Adhemar）首创地球轨道的扁度变更与地

上气候有关之说。勒末累（Leverrier）又表示如何用数学的方法，可求出过去或将来数百万年内，任何时候地球轨道的扁率。其后克洛尔（James Croll）发挥这个学说甚详，并用勒氏所立的公式，算出过去 300 万年内地球轨道的扁度最大及最小的时期。

　　一直到现在，我们说的都是天上的话，这些话在地上果然应验了么？地球的过去时代果然有冰期循环叠见么？如若地质时代果然有若干个冰期，那么，我们也可用这种天文学上的理论来定地球各冰期到现今的年代，这件事我们不能不问地质学家。

　　天文学家这些话，好像是应验了。地质学家曾在世界上各处发见[①]昔日冰川移动的遗痕。遗痕最著的就是冰川之旁，冰川之底，冰川之前，往往有乱石泥土，或呈长堤形，或散漫而无定形。石块之中，往往有极大极重的，来自数千百里之遥，寻常河流的力量，决不能运送那样大的石块到那样远的地方。又由冰川运送的石块，常有一面极平滑，而其余各面，则棱角峭立；平滑的一面，又常有摩擦的痕迹。冰川经过的地方，若犹未十分受侵蚀剥削，另有一种风景。比方较高的山岭，每分两部，上部嵯峨，而下部则极圆滑。谷每呈 U 字形。间或有丘墟罗列，多带圆长的形状。而露岩石的地方，又往往有摩擦的痕迹。诸如此类的现象，不一而足，这是专门地质学家的事，我们现在不用管它。

　　在最近的地质时代，那就是第四期的初期，也可说

借代修辞

"天上的话"并不是真的天上的人说的话，而是借体，天文学的理论、天文学家的话是本体。

字词释义

这里的"剥削"，不是常规意义上的"无偿地占有别人的劳动或产品"，而是指石块在外力的作用下发生形状或状态的物理性改变。

---

① 发见，同"发现"。——编者注

是初有人不久的时候，地球上的气候很冷。冰川冰海，到处流溢。当最冷的时候，北欧全体，都在一片琉璃之下，浩荡数千万里，南到阿尔卑斯、高加索一带，中连中亚诸山脉，都是积雪皑皑，气象凛冽。而在北美方面，亦有浩大的冰川流徙：一支由腊布刺多（Labrador）沿大西洋岸南进；一支由岐瓦廷（keewatin）地方，向哈得孙（Hudson）湾流注；一支由科的勒拉斯（Cordilleras）沿太平洋岸进行。同时南半球也是一个冰雪漫天的世界，至今南澳、新西兰、安第斯（Andes）山脉以及智利等地，都有遗迹。甚至热带地方，如非洲中部有名的高峰乞力马扎罗（Kilimanjaro）的雪线，在第四期的初期，也是要比现在低5000多英尺。

由第四期再往古代找去，没有发见冰川的遗痕。一直到古生代的后期，那就是石炭纪的中叶（Permo-Carbonifero），在澳洲、印度、非洲、南美都有冰川流行的事。再往古代找去，又有许多很长的地质时代，未曾留下冰川的遗迹。到了肇生纪初期，在中国长江中部、挪威、加拿大、澳洲等地，又有冰川现象发生。过此以往，地层上所载的地球的历史，到处都是极形模糊，我们再没有得着确实的冰川流行的遗迹。

日积月累

星宿　牵扰　嵯峨　积雪皑皑　气象凛冽

拓展训练

"乞力马扎罗"是近年来的旅游胜地，请站在地质学的立场上，对乞力马扎罗山的地理位置进行知识梳理。

延伸思考

关于本文提到的"秋分"和"春分"的形成，你理解了吗？还可以说出更多的节气知识吗？

地质事实说地球年龄

？文前小问号

　　有哪些地质事实可以证明地球的年龄？如此得出的结论和我们现在所了解的一致吗？

点评

　　这种开门见山的叙述方式特别直观，令读者读来思路特别清晰。

借代修辞

　　"纪念品"是借体，"停积物"是本体。

　　地质学家求最近冰期距现今的年限，共有几种方法。这几种方法之中，似乎以德基耳（DeGeer）所用的为最精密而且最有趣味。在第四期的初期，挪威与瑞典全土，连波罗的海一带，都是埋在冰里，前已说过。后来北半球的气候渐渐温和，那个大冰块的南头，逐年往北方退缩。当其退缩的时候，每年留下纪念品，所谓纪念品，就是粗细相间的停积物。

　　当春夏的时候，冰头渐渐融解。其中所含的泥土砂砾①，随着冰释而成的水向海里流去。粗的质料，比如砂

---

　　① 砂砾，同"沙砾"——编者注

砾，一到海边就要沉下。而较细的质料，悬在水中较久，春夏流水搅动的时候，至少有一部分极细的泥土不能沉淀。到秋冬的时候，冰头冻了，水流止了，自然没有泥土砂砾流到海里来。于是乎水中所含的极细的泥土，也可渐渐沉下，造成一层极纯净的泥，覆于春夏时所停积的砂砾之上。到明年交春，冰又渐渐融解，海边停积的情形又如去年。所以每一年停积一层较粗的东西和一层较细的东西。年复一年，冰头渐往北方退缩；这样粗细相间的停积物，也随着冰头，渐向北方退缩，<u>层上一层，好像屋上的瓦似的</u>。

德氏用了许多苦工，从瑞典南部的斯坎尼亚（Scania）海岸数起，数了3.5万层泥，属于冰期的末造。由冰期以后，一直到今日，约计有7000层的停积。然则由冰头退抵斯坎尼亚到今天，一共经过了1.2万年。斯坎尼亚以南的停积，为波罗的海所掩盖，德氏的方法，不能适用。再南到德国的境界，这个方法也未曾试过。冰头往北方退缩的速度，前后仿佛不是一致，愈到北方，有退缩愈急的情形。比如在瑞典首都斯德哥尔摩（Stockholm），退缩的速度，比在斯坎尼亚已经快了5倍。按这样推想，冰头在斯坎尼亚以南的时候，比在斯坎尼亚应还要慢些，所以要退出与在斯坎尼亚相等的距离，恐怕差不多要2500年。那有名的地质学家索拉斯（Sollas），以这种议论为根据，暂定由最后的冰势最盛时代，到它退到瑞典南岸所费的年限为5000年，然则由最后冰期中，冰势的全盛时代到现在，在1.5万年以上，实数大约在1.7万年。在澳洲南部，地质学家用别种方法，求出当地自从最后

点评

这是为什么呢？因为粗的质料和较细的质料，其重量不同。

比喻

把一层层的停积物，比喻为屋上的瓦。

点评

可见德氏进行地质勘测的决心之大，毅力之强，花费的成本之高。

点评

同时用了举例子和做比较的说明方法。

下结论

通过种种论述和说明，作者在这里得出了自己的结论。

点评

用"况且"表示递进，更近一步说明问题。

点评

用"假若"表示假设。这是一种常见的论证方法。

字词释义

缘木求鱼（yuán mù qiú yú）：爬到树上去找鱼。比喻方向或办法不对，不可能达到目的。出自《孟子·梁惠王上》。

冰期到现在所历的年数，也是 1.5 万年 ~ 2.0 万年。两处的年数，无论是否偶然相合，总可算得一致。那么，我们应该承认这个数目有点价值。

现在我们看天文学家的数目与地质学家的数目相差何如，至少要差 6 万年。我们知道德氏的方法，是脚踏实地，他所得的数目，是比较可靠的。然则克氏的数目，我们不能不丢下。况且按天文学的理论，地球不能南北两半球同时发生冰川现象，而在过去时代，我们所知道的三个冰期，都不限于南北一半球。更进一层说，假若克氏的理论是对的，那么，地球在过去时代，不知已经过几十百回的冰期，何以地质学家在地球上各处找了数十百年，只发见三回冰期。如若说是冰期的遗迹，没有保存，或者我们没有发见，这未免太不顾地质学上的事实，也未免近于遁词。

原来地上的气候，与天文、地理、气象三项中，许多的现象，有密切的关系。这三项现象，寻常互相调剂，所以地上气候温和。若是三项合起步调，向一方面走，那就能使极端热，或极端冷的气候发生。比方，现在的西北欧，若没有湾流的调剂，虽不成冰期，恐怕与冰期的情形也要差不多了。总而言之，克氏一流天文学家所创的学说，如若不大加变更，大加修正，恐怕纯是纸上空谈，全以他们的理论为根据去定地球的年龄，正是所谓缘木求鱼的一段故事。

天文方面，既不得要领，我们现在就要问地质学家，看他们有什么妥当的方法。

日积月累

脚踏实地　遁词　纸上谈兵　缘木求鱼

拓展训练

请改写下面这段话：

那么，地球在过去时代，不知已经过几十百回的冰期，何以地质学家在地球上各处找了数十百年，只发见三回冰期。

延伸思考

根据你的生活经验，对于"天文、地理、气象"三项互相调剂这一现象，你有留意过吗？

据地球的热历史求它的年龄①
(节选)

❓文前小问号

地球的热是怎样产生的？根据地球热历史推测它的年龄科学吗？

点评

疑问句开头，一下子吸引了读者的注意力，调动起大家的好奇心。

字词释义

无古无今：这里可理解为从古到今。

接济（jiē jì）：以财物、物质等资助他人。这里理解为太阳用热能来恩惠我们。

地球上何以这样地暖？我们都知道是那太阳，无古无今，用它的热来接济我们。然则太阳里这样仿佛千古不变的热力是如何来的呢？这个问题，已经费了许多哲学家和物理学家的思索。他们的思想，从历史上看来，自然是极有趣味，可惜我们没有工夫详细追究，现在只好说一个大概。

德国有名的哲学家来布尼兹②（Leibnitz）同康德（Kant），都以太阳为一团大火，它所发散的热，都是因

---

① 本文为《地球的年龄》一书第六部分《据地球的热历史求它的年龄》一章的节选。

② 今通译作"莱布尼兹"。——编者注

据地球的热历史求它的年龄（节选）

燃烧而生的。自燃烧现象经化学家切实解释以后，这种说法，当然不能成立。俟后迈尔（Meyer）观察摩擦可以生热，所以他想太阳的热，也许是许多陨星常常向太阳里坠落的结果。但是据天文学家观察，太阳的周围，并非常有星体坠落，假若往太阳里坠落的星体如是之多，太阳的质量必要渐渐增加，这都是与事实相反的。

赫尔姆霍斯（Helmholtz）以为太阳的热是由它自己收缩发展出来的。太阳每年发散的热量，可由太阳的射热恒数（solar constant of radiation）求出。赫氏假定太阳当初是一团星云，渐渐收缩，到了今天，呈一个球形，其中的质量极匀。他并算出太阳的直径每缩短1‰所生的热量，可与它每年所失的热量的2万倍相当。赫氏据此算出太阳的年龄，在2000万年以下。如若地球是由太阳里分出来的，当然地球的年龄，比2000万年还少。克尔文（Kelvin）对于这个问题的意见，也与赫氏相似；不过他信太阳的密度愈至内部愈大。

据物理学家近来的研究，所有发射原质当发射之际，必发生热。又据分析日光的结果，我们早知道日中含有氦（He）质，所以我们敢断言太阳中必有发射原质。因此，有许多人疑发射作用为太阳发热的主因。据最近试验的结果，1000万克（grammes）的铀（U）质在"发射平衡"之下，每1点钟能生77卡（calorie）的热，而同量的钍（Th）所发的热量不过26卡。太阳每1点钟每1立方米所发散的热，平均约300卡，这些热量，假若都是由太阳内的发射原质（如铀、钍等）里发出来的，那是每1立方米的太阳质中，应有400万克的铀。但是太阳平均每1立

方米的质量只有 1.44×10^6 克，即令太阳的全体都是铀做成的，由这种物质所生的热仅能抵它所消费的热量 1/3。所以以发射物质发生的热为太阳现在唯一的热源，所差未免太多。

据阿耳希尼（Arrhenius）的意见，太阳外面的色圈（Chromosphere），大概都是单一的物质集合而成的。它的温度，在6000℃～7000℃。其下的映像圈（Photosphere）里的温度，或者高至9000℃。愈近太阳的中心，温度和压力愈高大。太阳平均的温度据阿氏的学说计算，比它外面色圈的温度应高1000倍。在这种情形之下，按沙特力厄（Le Chatelier）的原则推测，太阳中部，应有特别的化合物，时时冲到外部，到温度较低的地方爆裂，因之生热。我们用望远镜往往看见太阳的表面有凸起的地方，或者就是这种冲出的气疣。这种情形，如果属实，那是我们现在从热的方面，无法算出太阳自有生以来所历的年代。

关于这个问题，近年法国物理学家拍蓝（Penin）氏利用原子论和相对论做了一番有趣的计算。拍氏因为天文学家断定许多星云都是由氢气（H）组成的，所以假定化学家所谓的种种元素都是由氢气凝结而成的。氢的原子量是 1.008，而氦的原子量是 4.00，那是由氢而变为氦，失掉若干质量，质量就是能力，这些能力当然都变成热。照这样计算，拍氏算出太阳的寿命为 10 万兆年，地球年龄的最大限度，应为这个数目的若干分之一。但是我们若要从热的方面求地球自身的年龄，还不能不从地球自身的热量着想。

据地球的热历史求它的年龄（节选）

我们都知道到地下愈深的地方温度愈高。地温的增加率随之多少有点不同，浅处的增加率与深处的增加率当然也不等。据各地方调查的结果，距地面不远的地方，平均每深35米温度增加1℃。

从这种事实，又从热能力衰退（degradation of energy）的原则着想，克尔文根据怕松（Poisson）的假说，追溯地球从前必有一个时期，热度极高，而且全体的热度均一，后来它的热能力渐渐发散，所以表面结壳，失热愈多，结壳愈厚。

日积月累

无古无今　接济　假若　断定　追溯

拓展训练

根据本节所学，关于地热的来源，作者共列举了几种观点？请你总结一下，并说出不同观点主张者的名字。

延伸思考

请展开你想象的翅膀，根据所学的知识，你认为地球的热量是怎么来的呢？

读书与读自然书

？文前小问号

对于现阶段的我们，读自然书有什么好处？如何爱上读自然书？

点评

提问式开头。对于作者关于"书"的定义，你个人感觉如何？又该如何理解"好事的人"这个表达呢？

点评

字里行间，透露出作者对此类书的不屑、不满意与批判。

什么是书？书就是好事的人用文字或特别的符号或兼用图画将天然的事物或著者的理想（幻想、妄想、滥想都包在其中）描写出来的一种东西，这个定义如若得当，我们不妨把现在世界上的书籍分作几类：（甲）原著，内含许多著者独见的事实，或许多新理想新意见，或二者兼而有之。（乙）集著，其中包罗各专家关于某某问题所搜集的事实，并对于同项问题所发表的意见，精华丛聚。配置有条，著者或参以己见，或不参以己见。（丙）选著，择录大著作精华，加以锻炼，不遗要点，不失真谛。（丁）写著，拾取二人的唾余，敷衍成篇，或含糊塞责，或断章取义。窃著著者，名者书盗。假若秦皇再生，我们对于这种窃著书盗，似不必予以援助。各类的书籍既是如此不同，我们读书的人应该注意选择。

什么是自然？这个大千世界中，也可说是四面世界（Four dimensional world）中所有的事物都是自然书中的材料。这些材料最真实，它们的配置最适当。如若世界有美的事，这一大块文章，我们不能不承认它再美没有。可惜我们的机能有限，生命有限，不能把这一本大百科全书一气读完。如是学"科学方法"的问题发生，什么叫作科学的方法？那就是读自然书的方法。

书是死的，自然是活的。读书的功夫大半在记忆与思索，（有人读书并不思索，我幼时读四子书就是最好的一个例）读自然书种种机能非同时并用不可，而精确的观察尤为重要。读书是我和著者的交涉，读自然书是我和物的直接交涉。所以读书是间接的求学，读自然书乃是直接的求学。读书不过为引人求学的头一段功夫。到了能读自然书方算得真正读书。只知道书不知道自然的人名曰书呆子。

世界是一个整的，各部彼此都有密切的关系，我们硬把它分作若干部，是权宜的办法，是对于自然没有加以公平的处理，大家不注意这种办法是权宜的，是假定的，所以嚷出许多科学上的争论。Jevons 说按期经济的恐慌源于天象，人都笑他，殊不知我们吃一杯茶已经牵动太阳倒没有人引以为怪。

我们笑腐儒读书，断章取义咸引为戒。今日科学家往往把他们的问题缩小到一定的范围，或把天然连贯的事物硬划作几部，以为在那个范围里的事物弄清楚了的时候他们的问题完全解决了，这也未免在自然书中断章取义。这一类科学家的态度，我们不敢赞同。

我觉得我们读书总应竭我们五官的能力（五官以外还有认识的能力与否我们现在还不知道）去读自然书，把寻常的读书当作读自然书的一个阶段。读自然书时我们不可忘却我们所读的一字一句（即一事一物）的意义还视全节全篇的意义为意义，否则成一个自然书呆子。

日积月累

幻想　妄想　滥想　包罗　参以己见　唾余　大千世界　权宜　腐儒　断章取义

拓展训练

"各类的书籍既是如此不同，我们读书的人应该注意选择。"根据这句话，结合你自己的阅读和选书经验，总结你自己的选书心得并和同学们交流一下。

延伸思考

在本文开头，作者对世界上的书籍分了四类。仔细思考一下，你家的藏书和你读过的书，哪种类型的占比多呢？

中国地势浅说

? 文前小问号

　　几乎每个人都知道中国地势西高东低，为什么这样呢？本文会有答案吗？除此之外，关于中国地势，本文有没有什么你不知道的知识点？

　　本书讨论的问题，是中国地势的沿革，与中国疆域的沿革，以及中国内部政治区域的沿革，是截然两道的。疆域的沿革，政治区域的沿革，是人类发生以后的事——是人类有了政治的组织以后的事，所以这些问题，当然归历史学家研究。至若我们现在的问题，包括人类发生以前或人类在极幼稚时代——那就是与猴子时代相距不远的旧石器（Paleolithic）、新石器（Neolithic）时代，在我们现在所谓中国的这一块地域里的海陆陵谷之变迁，以及气候之更迭等事实。总括这些变迁，似乎应有一个专门语，在未得妥当的名词时，我现在试称为地势的沿革。

点评

　　开门见山表明了自己的观点，既概括了本文的内容，又把中国地势与中国疆域、中国内部政治区域的概念差异摆明了。

破折号的使用

　　破折号后面的话是对破折号前面词语的概念内涵做具体解释。即破折号后面的内容是用来解释"人类在极幼稚时代"的。

那就是地质史的一个方面。研究这个问题，不待言是我们地质学家的事。

欧美各国的地质学家，关于他们本国地势的沿革，多少都有点研究。联合参详各处研究的结果，我们今天才知道我们人类的祖先到这个世界以前，世界上已经有了许久许多的沧桑之变。然而关于我们中国这一大块地皮，除了几个好事的、冒险的欧美人外，竟然没有多少人过问。我们现在关于我们自己国里地势的变迁的知识，大半是由这些冒险家得来的。他们对于学术上既然有如是的贡献，现在我趁这个机会，把他们几位的名字举出来，聊以表示我们感谢的意思。

1862—1865 年，美国的本潘来（R.Pumpelly）可算得是头一个地质学家到中国来研究地质。他所研究的地域，大半限于内蒙古及东北各省。三年后，德国的李希霍芬（F.V.Richthofen）就到中国来着手他的毕生事业。与李希霍芬前后同时有戴卫（A.David），他曾到过内蒙古、江西，并横断秦岭东部；又有金斯密儿（T.W.Kingsmill），曾在长江流域调查；又有卑克麻儿（A.S.Bickmore），曾由广东走到汉口。他们虽然多少各有点贡献，然而与李希霍芬却是不可同日而语。

1877—1880 年间，奥国^①的洛川（L.Loczy）随着施曾彝（Szé-chenyi）的科学调查队，由长江下游穿过秦岭，入甘肃，沿南山（即祁连山）东北麓进行，转折经

① 1867 年，奥地利与匈牙利合并为奥匈帝国，1918 年奥匈帝国瓦解。——编者注

点评

这句话，能激发同学们的爱国热忱和社会责任感。

点评

曾经，有那么多国外的地质学家不远万里不辞劳苦来中国进行地质考察，在敬佩他们的同时又生出些许愧疚，对于我们热爱的土地，我们所了解和研究的太少。

比较手法

通过对比，来凸显李希霍芬在研究中国地势问题上所做的突出贡献。

过四川北部、西部，再南由云南的西部而到缅甸。当时国内风气不开，地方自然不免有仇外的情形。据云洛川曾经过种种困难。再数年后，有俄国地质学家奥勒洛奇（V.A.Obrutchov）往来于南山数次，并历四川北部及蒙古等处。1898 年，福德勒（K.Futteret）由新疆穿过沙漠，复由甘肃过秦岭，出长江下游。其采集的材料颇为可观；惜未加以详细地分析和编纂。其余若来白林斯（F.Leprince Ringner），若罗伦斯（Th.Lorenz），若房格商（K.Vogelsang），对于中国东北部及川鄂毗连各属，均各有研究，尤以罗伦斯在山东调查研究之结果，在地层学上最为重要。

　　当这些学者在那里做断断续续的调查研究的时候，李希霍芬发表了许多关于中国地质的论文，并陆续发刊他的名著《中国》（China）。这一部书，一直到今天，总算是关于中国地质的最重要的著作，可惜书未写完而本人就去世了。1903 年，美国地质学家威烈士（Bailey Willis）和勃拉克韦特（E.Blackwelder）受康乃吉学院（Carnegie Institute）的委托，来中国调查地质。他们在中国不过五个月。曾到山东、辽宁，又由河北南部入山西东部，经过唐县、五台、忻州、太原、西安，复由西安穿过秦岭，经过川东鄂西诸属，至宜昌终止。他们此次研究的成绩，以他们所费的时间而论，可算得不少。

　　至若中国西南各省地质的情形，大半是由法国人考察出来的。最初有湄公河的调查队。继以雷克勒（Leclère）及雷当诺（Lantenois）的调查队。1910 年，戴普勒（J.Depart）对于云南东部的地质，似乎费了一番力量，外间对于戴普勒之为人，虽有种种物议，然而他所编的

✒ 字词释义

　　毗连（pí lián）：指两块土地互相连接。

✒ 字词释义

　　忻州（xīn zhōu）：地名，山西省的地级市。

报告，究竟未可一概轻视。

近20年来，日本人对于中国的地质，往往有所著述。其中以横山、矢部、后藤、早坂、小野诸氏著作较多。他们的著作，大都在东京大学理科报告。我们可在日本地质学杂志、地质学报及其他一二大学的报告中，寻出他们的著作。这都是不乏有价值的东西。

以中国人研究中国地质而有成绩可考者，就我所知，自丁文江、翁文灏、章鸿钊三先生始。自北京地质调查所成立以来，我们关于中国地质的知识，大有日新月异之势。但是我们中国的面积，如此之大，考察出来的结果，如此之少，要想讲讲中国地势的沿革，谈何容易。所以我们现在所能讨论的，只是一个简而又简的概略。至于详细的情形、确实的证据，以及还有许多其他方面，则不能不待我们自己发奋有为，到各处观察，仔细研究。

可以供我们讨论的材料的来源，大致如此。现在我们应当进一步划定讨论的范围，那就是我们所讨论的地势沿革应从什么时代起。据数十百年来地质学家的观察，我们现在视为千古不变的山川岩石，无一时一刻不在变更。不过变得极慢，所以大家都不知不觉。又据种种地质学上的事实，我们敢断言地面变更的情形，在人类发生以前，有许久的时间与我们现在目击的变更，无论就种类而论，或程度而论，无极大的差异。这就是匀和的学说，创于雷侠儿（Charles Lyell）。我们谈地质史最重要的根据，就在这个原则的身上。然则我们现在不能不问这种匀和的变更是无始无终的，抑或是到了一定过去的时代匀和的原则就不能适用了？如若从今日起，向过去推去，推到一定的时代，当时变更的结果与现今截然不同。那时致变更的原因亦必不同。那是匀和的变更，在球上从那时才开始。我们地质学家考究一地的地质史，也只好从那时起。比喻历史家考究一国一民族的历史，只好从那一国一民族初有历史的记录那一天起。

关于匀和说适用的范围，自雷侠儿以后，学者主张颇不一致。极端主张匀和者，以为递积岩初发生的时候，就是匀和的变化开始的时候。这种主张，不过是一个主张，我们颇难判决它的是非，也不必判决它的是非。

古生物学家和地质学家依古代生物继承的情形及古代地壳极显著的鼓动，将海陆划分以后，直至今日，地球所历的时间，分为若干时代。正如历史学家将中国历史分为若干朝代一般。学地质学的人大概都知道的，这些地质时代如表1。

类比修辞

类比是基于两种不同事物或道理间的类似，借助喻体的特征，通过联想来对本体加以修饰描摹的一种文学修辞手法。这里用历史学家考究历史，类比地质学家考究地质。

列图表

列图表是指采用绘制图形或表格的方法进行说明。这种说明方法的优点是形象直观、便于比较。

表1

时代名目		距现今的年数（以百万为单位）
新生世	最新（Pleistocene）	约1.0
	更新（Pilocene）	约2.5
	次新（Miocene）	约6.3
	少新（Oligocene）	约8.4
	初新（Eocene）	约30.8
中生世	枯烈纪（Gretaceous）	—
	侏罗纪（Jurassic）	—
	三叠纪（Triassic）	—

续表

时代名目			距现今的年数（以百万为单位）
古生世	二叠纪（Permian）	煤纪	—
	葭蓬纪（Carboniferous）		约 146
	泥盆纪（Devonian）		—
	志留纪（Silurian）		—
	奥陶纪（Ordovician）		约 209
	寒武纪（Cambrian）		—
	亚尔艮纪（Algonkian）		—
	玄古（Archean）		710

类比修辞

用未学历史的人看周宣王时代、罗马恺撒，类比未学地质的人看地质时代的茫然。

字词释义

顶古：这是作者个人的语言习惯，可以理解为最早、最古老。

字词释义

极为发育：也是具有作者个人特色的语言习惯，可以理解为发育、发展极好的意思。

在学过地质学的人看起来，有时代的名目便够了，然而未曾学过地质学的人看了这些名词，如未学历史的人看了周宣王时代、罗马恺撒（Caesar）时代等名目一样，没有什么意义，所以我把这些时代到今天大概的年数举出来。这些数目，是从含发射元素的矿物推算出来的，并不可靠。所以列入表中，不过借以表明年代之长。上列的各时代，都有特别的岩层及生物群以为代表。最要紧是上面各时代的次序。我们人类初发生的时期，现在虽不能十分断定，然顶古也不能过"更新"期。新生世之初，才有哺乳动物发生，二叠纪时鸟始生，志留纪时鱼始生，寒武纪初组织较完全的动物如三叶腕足类、珊瑚类始出现，而以三叶为最盛。寒武纪以前，亦当有初级的生物生存于世，然而留下的遗迹极少。这是生物学上、地质学上，极有趣的一个问题，而在中国北方研究要算正好，因为中国北方寒武纪以前的岩石极为发育，并且有一部分未曾遭甚大的变更。如藏有化石，不难详考它的形状。

就我们现在地质上的知识判断，匀和的变更，至迟也不必在亚尔艮纪以后。那么，我们现在讨论的范围，无妨就从亚尔艮纪的末造起。

范围既定，关于我们研究的方法，讨论的根据，不能不略加解释。我有一位同事，他曾教授人类学，有一天他正好老老实实地把历史以前的人类的生活状态说了一番，说完了，有一位听讲的起来质问他，说："我们知道历史的事实，因为有史册记载可凭。你所说的历史以前的人类生活状态，既无记载可据，你何以知道。你的话我都不信！"我那一位同事生了气，以为这个人对于学术太无信仰，不足与之谈。我却以为那一位质问的先生倒很有道理，我们如若将他的疑问稍加以分析，我们就知道他的用意是要问用什么方法，有什么根据，使我们知道历史以前的人类的生活状态。现在我们在讨论中国地势的沿革以前，似乎也应当把我们的方法说出来，并且同时把我们的根据撮要地摆出来。即令我们的推论结案不对，我们所举的事实还是事实。那些事实总是有用的。

讲地质学的人都知道一个老比喻。那就是我们脚踏的地层，好像是一册书。一层就是书的一页。书中有文字图画描写事实。地层由种种岩质造成，并有时夹着生物的遗体。我们知道现在地球上某样的地域，常有某种的岩石堆积成层。所以从过去时代所造成各地层质料的性质，我们可以推测当时岩层停积之处为何项地域，或为湖沼，或为河床，或为海湾，或为深洋。岩层中所夹的化石不独表示岩层生成之年代，并且有时亦能表示其生成的地域，因为大洋的生物群，浅海的生物群，咸水中的生物群，淡水中的生物群，各有特象。地质学家所当研究的，就是这些事。诸如此类，数不胜数。我现在不过举一二最显著之点，以求见信于非地质学家而抱怀疑态度的人。不怀疑不能见真理。所以我很希望大家都取一种怀疑的态度，不要为已成的学说所压倒。

现在我可以上题讲中国地势的沿革了。头一件我们当注意的事，就是中国的地质构造可分为南北两部。秦岭山脉为天然的界线。秦岭以北称为北部；秦岭以南称为南部。中国南部地层的构造较为复杂，所以我们知道中国南方地势的变迁较为复杂；北方构造除西北一隅外，极为简单，所以我们知道北部海陆的变迁颇为简单。

玄古的岩石在中国北方露头甚多，在山东东部、内蒙古东北部和东北三省尤著。内蒙古、山西、河北各处都有露头。此项最古的岩石，威烈士和勃拉克韦特称为泰山杂岩。因为造成泰山的岩石，据勃拉克韦特的观察，都是属于这一类。泰山杂岩中夹着许多片麻岩。那些片麻岩，也许是砂泥质的变形。假若它们果真是砂泥质的变形，那是在玄古的时代海陆早已划分，种种地质的变更，已经照常进行。但是它们原来是否是砂泥，还在未定之天。即令是砂泥等质，即令它们足以表示玄古时代侵蚀的作用，然而那泰山杂岩中的各项岩石，都经过剧变，杂乱无章，由某种岩石的分配而断定当时海陆的分配，是绝对做不到的事，所以玄古时代中国的地势的问题，我们现在尽可不必做无谓的讨论。以前所定讨论的范围，就研究的方法看来，实在是不得已而划定的。

点评

读到这里，我们对我国南北方的地理知识又丰富了一层。

名词解释

片麻岩：是由岩浆岩或沉积岩经深变质作用而成的岩石。具有暗色与浅色矿物相间呈定向或条带状断续排列的片麻状构造特征，呈变晶结构。主要矿物为石英、长石、角闪石、云母等。

日积月累

至若　海陆陵谷　更迭　参详　同日而语
风气不开　日新月异　千古不变
未定之天　杂乱无章

拓展训练

中国的地质构造分为南北两部，以（　　　　　）为分界线。

延伸思考

"不怀疑不能见真理。所以我很希望大家都取一种怀疑的态度，不要为已成的学说所压倒。"这段话对于你的学习，有什么样的启发？

侏罗纪与中国地势

？文前小问号

侏罗纪与中国地势有什么关系？

侏罗纪以后，一直到今天，在中国所生的地层极不完全。就是那枯烈时代（一名白垩时代），欧洲的海里造了几千尺厚的石灰岩和白垩。然而中国除四川赤盆中多少有点淡水停积物以为这个时代之纪念以外，从未闻有何项枯烈纪的层岩。就现在我们的知识判断，中国本部绝无那时的海洋停积物可寻。

至若新生世的停积物，在中国已经发现的共有几种。那就是——（1）含煤层的泥砂岩。辽河流域，朝阳、抚顺等处的煤层有大部分属于这个时代。云南、内蒙古等处的也是属于这个时代。（2）红砂岩。这种砂岩不独遍布于长江各省，就是北至甘肃、内蒙古，南至广东，都有它的代表。这里边发见了许多哺乳动物的化石。中国

破折号

这里破折号的作用为表示分项列举。

人向来把这些化石当药品用，巧名之曰龙骨龙齿。据许洛塞（Schlosser）、孔庚（Koken）诸氏的研究，这些龙骨龙齿，大半是"更新"期的生物遗骸。有时也有"最新"期的生物遗骸。（3）瀚海层分布于内蒙古、新疆、甘肃各处。（4）湖沼停积，戴普拉曾在云南东部，安特生（Andersson）曾在山西南部（垣曲）遇见这种岩层。（5）汶河砾岩。勃拉克韦特曾遇见这种岩石于山东的汶河流域及河北的宁山盆地。（6）黄土。遍布于秦岭以北。除以上所举的几种停积物以外，还有大堆的火山爆裂物。张家口外的火山岩流，就是最显著的。

自从侏罗纪的末造中国的地盘隆起后，中国已经成了一个大陆国，南北虽都有内海以及湖沼，然而都不甚深。地形平均甚高，所以侵蚀的力量甚烈。久之侏罗纪末造所造的山岳，如秦岭等等，渐渐失却了崎岖之象，那时中国，可算得一个高原。一直到初新生的末期，中国还是一个高原，当然高原上有河流湖沼。

到新生世的中期——大约是"次新"的时代，世界又发生了地势大革命。欧洲发生了阿尔卑斯山脉，其影响及于全欧。亚洲发生了喜马拉雅，中国的本部，发生两条山脉，并驾齐驱。这两条山脉，就是我们今天所看见的秦岭、南岭。因为这两条山脉发生，几条大河随着发生。到这时候，黄河、长江、西江的流域已经大概定了——那就是与现在差不多了。此次变动，大概是由南方来的，因为此所造的山脉，大概都是由西至东。这回革命影响之远大，绝不亚于泥盆纪初的喀道利呢大陆改革、煤纪中的赫辛尼大陆改造。

点评

科技落后的时代，人们对很多东西因为未知而好奇，充满迷惑，很容易导致盲目崇拜或者迷信。

名词解释

汶（wèn）河流域：汶河，古称汶水，为区别泰山之阳大汶河，也称东汶河，系沂河主要支流。

字词释义

末造：末世，末代。造，指时代。

字词释义

迥（jiǒng）不如
故：和过去差别非
常大。"迥"是远、
差别大的意思。

字词释义

迥（jiǒng）不如
故：和过去差别非
常大。"迥"是远、
差别大的意思。

字词释义

不遑（huáng）宁
息：指忙于应付繁
重或紧急的事务，
没有闲暇的时间过
安宁的日子。这里
可以理解为地上的
变更无时无刻不在
进行，没有一刻消
停的时候。

点评

去过西北的同
学对此应该有比较
直观、深刻的感
知。即使在今天，
西北的地貌依然如
此。

此次变动的结果，不仅是地面山川的改造，就是内部的地层也生了许多很大的裂缝；并且有许多地盘陷落。于是火山爆裂，岩汁进出。内蒙古南部，展眼数千百里，都是一片焦灼之象，辽河以东、东南海岸各处，时时亦有岩汁火灰喷出。不独中国如斯，就是西北欧，由英国西北部一直到冰岛（Iceland），也是火焰不熄。地力的运行，可谓极一时之盛。

经这次剧变之后，中国的风景迥不如故。北方除了几个浅湖以外，都是平原或高原，南方山环水曲，森林遍地。所以性好原野的动物如马类（Hipparion）都来栖息于北方；而性好卑湿、森林的动物，如鹿豕之类，繁殖于南方。据许洛塞的研究，它们的祖宗也许是由北美来的。

地上的变更，不遑宁息，新造的高山渐被摧残。所生砂土，都转到附近的湖沼或海湾里去。于是红色砂岩发生。到了"更新"期的末造，世界的气候慢慢地变冷。北美、北欧，雨雪较多的地方，成了一个漫天漫地的冰雪世界。中国那时的气候何如，颇难断言。据我去年发见的几件事实推测起来，中国的气候也应是极冷。北部并有冰川流动。但是这个问题究竟何如，还待一番研究。

自从冰期以后，人类渐渐进步，在生物中称雄。因为中国北部的海渐渐涸竭，气候渐渐变干，风吹尘土，转扬几千百里。于是秦岭以北，大部分渐埋没于黄土之下。这种黄土，今天还在转移生长。

新生世中期大革命以后，中国的地势并不十分安定。中部的秦岭，恐怕还是继续地隆起。因为长江在四川褚盆的东部向地势较高的地方流动，水只能往低处流，所以能穿过高地者，必是先有河流而后地面上升。河流侵蚀的速率，比地面上升的速率相等或较大，所以水能流过。其余还有许多同样的证据，表示地壳近世的变迁，现在我们不必一一详论。

总观几万万年的历史，我们现在知道我们中国这一块地皮，并不是生来就是这样的，至少经过几次大改革。我说大改革，仿佛给人一个骤起骤落的观念。这个观念是完全错了。我们要知道一两百万年，在地质学家心目中，只当寻常人心目中的一两天或一两月。地质学家的近世至少要与历史家的"盘古"以前相当。所以就是过去时代有极快的变更，绝不是整个的山海忽然不见了。现在就有许多事实，表示我们现在所居的时代，就是一个地势大改革的时代，即此可想象过去大改革的情形何如。

我一场话虽然多少有点根据，然而不过给大家一个概念。可惜我们所知道的地层学上的事实太少，不能把我们的讨论弄得更有趣味，若是严格地讲起来，我们中国地势的历史还是黑暗的。要把这个过去黑暗的中国弄得大放光明，那是全赖我们大家将来的努力。

点评

所谓沧海桑田，大概如此吧。我们现在看到的地球，并不是一直这样子。

点评

这是作者自谦的话，从中可见作者治学严谨、为人低调，我们也要学习他这种精神，戒骄戒躁，谦虚低调。

我的笔记

日积月累

湖沼　崎岖　并驾齐驱　迸出　焦灼

末造　极一时之盛　迥不如故　山环水曲

不遑宁息　何如　骤起骤落

拓展训练

"若是严格地讲起来，我们中国地势的历史还是黑暗的。要把这个过去黑暗的中国弄得大放光明，那是全赖我们大家将来的努力。"按照现在的语言习惯，"黑暗"很容易产生歧义，请你换个词代替。（　　　　　）

延伸思考

"我们要知道一两百万年，在地质学家心目中，只当寻常人心目中的一两天或一两月。"为什么这么说呢？请仔细思考。

风水之另一解释

? 文前小问号

这里的"风水"，和民间所惯用的"风水"是一个意思吗？如果不是，那这里的"风水"指的又是什么呢？

世界的组织我们都知道是一个极复杂的东西。它各部分彼此的关系，各部分彼此的反应，各部分彼此的牵制，往往在我们的意料以外。这固然不足为奇，因为自从我们像猴子的祖宗一直到现在，我们人类所得的知识还是有限极了。但是有时候我们睁着一对好眼睛做瞎子。有许多事情我们并不是不知道它们彼此的关系密切，然而我们却把那种关系忽略地看过。忽略看过的缘故，或者是因为那些关系的影响太小，我们看不清楚；或者因为影响太大，我们看不完全。

近年来科学的范围渐渐地扩充。什么黑暗的地方，

借喻

用"瞎子"比喻那些明明睁着眼睛，头脑发达，却对事实和真相视而不见的人。

夸张

标志词是"简直"。并不是真的相信有鬼，而是夸大其词。

我们也要用科学的光来照它一照。从前人信为真实的事，有许多我们却知道是迷信。又有些从前以为是迷信的事我们倒渐渐地觉得它们有点道理。现在我们确知道有许多奇奇怪怪的事实引起从前的迷信。那些事实实在有用科学的方法研究的价值，在欧洲有许多科学名家，尤其是物理学家，简直相信有鬼。不过他们所说的鬼与从前迷信的鬼性质有点不同。

我们国里的人，向来做一间房子，或者埋一个死人，都要先问堪舆家门向利不利，来龙好不好。近年来，大家讲点科学，都知道这种糊涂的举动，有碍文化的进步，想快快地设法摆脱，在国人的思想上总算进了一步。但是如若再进一步，恐怕我们反而要把"风水"拿来研究。就现在我们的知识看起来，风和水对于人生确确实实有重大关系。不过我们现在所说的风水，与从前所说的风水根本上有不同的地方。好像古式天文学（Astrology）与现今的天文学（Astronomy）有不同的地方一样。他们从前所说的风水的影响，仿佛先必经过死人，或者一种神秘不可思议的机关，然后才能到活人的身上。我们现在所说的风水，直接地影响于我们自己日常的生活。那种影响或者有一部分，在我们活着的时候，由我们传到我们的子孙。他们从前所说的风水，只影响于得地气的一家或一族。我们现在所说的风水，影响于一个民族或者一个民族的一部分人。他们从前所说的风水最后以一家一族的盛衰，吉凶祸福为归结。我们现在所说的风水，以一地居民的生活状态，或其文化的种类，或其程度为归结。他们从前所说的风水以甲、乙、丙、丁、子、丑、

点评

这里用对比的手法详细地说明了从前所说的风水与现在所说的风水有何本质的区别。经过这样的对比，我们可以看出，从前的风水是迷信，而现在的风水是有凭有据的科学。

寅、卯，青龙、白虎等等无意识的名词为要素。我们现在所说的风水，乃是真正以风以水及其他可凭可据的种种地上或地下的现象为要素。

人是一个动物，多少能自由行动。但是所有的动物不必都能行动。有许多动物，比如珊瑚类，身上有一种根，长在地上，自从它生出来的日子一直到死，简直没有移动的机会。还有许多动物在幼时能自由行动，一到长成，便变成了一种固定的东西。人类虽有自由行动的能力，然而就是在现在交通方便的时代，大多数人能行动的范围还是不能不受天然的限制。并且世界上有许多的人虽然没有有形的根，然而不知不觉在他们居住的地方长了许多无形的根了。在地上生根的动物，由一定的地方吸收一定的养料。它们的生活状态乃至它们的形状，当然要受当地物质上种种的制裁，这是极为明了的。但是关于高等动物，比如人类，因为他们有自由行动的能力，因为他们有智能的作用，所以他们所居的地方，或者也好说他们所在的环境，对于他们的生活状态，有何等影响，有无影响，却是不容易看出来。就大概而言，大家都觉得环境对于人生，都有一种关系，大家心里，酿成这种信仰，自然是因为有许多事实隐隐约约地做证据，所以后一层没有问题，但是有如何的关系，有何等的关系，这一层倒要费研究。

要研究这个问题，我们不能不先做一点分析。什么叫作环境？通俗的意义欠明了。现在我们要造一个较为概括的，而且较为正确的界说。人类所处的环境约略地可以下表表明：

（A）生物世界
　　人类社会……人与人的关系……社会环境
　　动物群
　　植物群

（B）无生物世界
　　气候
　　地形
　　水道
　　土壤　……人与物的关系
　　矿产　……自然环境
　　地盘的构造

以上是环境一方面的分析：至若关于人类的生活状态事件很多。但是其中最重要的，大都可概括在下列表中。

（A）生存的要素
　　衣
　　食
　　住（包含交通的设备）

（B）职业的种类
　　农
　　渔
　　畜牧
　　畋猎
　　矿业
　　制造
　　商业

（C）活动的种类
　　体格
　　健康

（D）修养的特色
　　科学
　　美术
　　宗教

（E）社会的秩序

字词释义

畋猎（tián liè）：指打猎或捕捉禽兽。出自《老子》，"五味令人口爽，驰骋畋猎，令人心发狂。"

字词释义

秩序：指有条理、有组织地安排各构成部分，以求达到正常的运转或良好的外观的状态。

现在进一步求两方面的关系。

社会环境对于个人如何地重要久已有社会学者替我们研究，现在不用多说。自然环境对于人生的关系，近年来也渐渐有人研究。从前讲地理的人专事记录事实，只要知道世界上有多少国，多少山，多少河；一国里有多少人口，多少面积，什么出产就完了，并不问这些事实有如何的联络，如何的关系，现在不然，地理学家都要问这些事实发生的缘故，都想由那车载斗量的记录中找出一个头绪。这一条路可算是已经开了，但是离我们最后的目的地还甚远。开辟这一条路尽力最大的人，恐怕要数 W.M.Davis、De Martonne、Huntington 诸氏。我们现在所得的一点知识大半是他们劳力的结果。

现在我把以前所举的自然环境对于人生种种的关系一件一件地略述一遍。

动植物　人类的生活差不多时时刻刻都离不了植物或动物，三岁的孩子都知道。但是某种植物或动物对于人生有何等的关系，却要费点考究。比方单就食料而言，有肉食，有菜食，肉食的人种与菜食的人种比较，不独体格不同，就是性情也有许多不同的地方。肉食过多容易令人发展凶恶性。菜食主义仿佛多少可以培养人慈爱温和的性情。肉食的人种平均体力较大。菜食的人种平均的体力较小。肉食人种与菜食人种中流行的疾病往往不同。单就菜食而言又可分为两大宗：有以麦为主要的食物，有以谷为主要的食物。麦类养料较多，发热较多，消化较难。寒冷地方的居民，大都吃麦为生。谷类养料较少，消化较易。暖地或热地的居民，多以米为生。这

字词释义

出产：指天然生长或人工生产的物品。用现在的话说，也可以是地方特产。

分类别

分类别是将复杂的事物说清楚的重要方法，有时事物的特征、本质需要分成几点或几个方面来说明。这一说明方法条理清晰，层次清晰，一目了然，能更为清楚地说明问题。

举例子

举出实际事例来说明事物，使所要说明的事物具体化，以便读者理解。这里就通过举出食料对人体格和性情的影响来说明动植物与人的关系。

不过就大概而言，当然有许多例外。

不独人类的食料与动植物有如此的关系，就是衣住两项要素，也视附近的动植物的种类为转移，人类在未开化的时代，这两个要素受动植物的牵制更厉害。试问穿皮与穿树叶比较，寒暖何如？居土洞与居树棚比较，生活的差别何如？骑马与骑象比较，快慢何如？再进一层，穿皮的人种，居洞的人种，骑马的人种与穿树叶的人种，住棚的人种，骑象的人种比较。他们习惯上的差别又何如？

我们北边的蒙古人以及我们西北边的基尔格慈①(Kirghiz)人给我们顶好的一个例证。他们为什么善骑马？他们为什么得了游牧的习惯？因为内蒙古和天山北路诸地雨量很少，除了这一块那一块草场以外，植物极稀，五谷更不能生长，然则叫他们吃什么？自然只好吃牛酪羊酪，牛肉羊肉，穿牛皮羊皮。牛和羊吃什么？只好吃草。吃得快，长得慢，牛羊要饿死了。有什么办法？只好再找一块有草的地方。所以他们终年跑来跑去。现在我们懂蒙古人何故有游牧的习惯，基尔格慈人何故夏天上天山冬天到天山以北的平原生活。不用说，以游牧为生的民族，从生到死为日常的必需奔走之不暇，还有什么安全的地方给他们坐着想一想世界上的事，还有什么机会给他们谋一点高尚的娱乐？那么，有什么科学美术有什么文化可以发生？

各种动植物在世界上的分布不是偶然的，乃是要受

点评

三个排比疑问句，增强了语气和语势，引发读者深思，答案不讲自明。

点评

不停地提问，自问自答，通过这种方式探究现象背后的原因，直到找到问题的本质和根源。

点评

通过这些内容我们可以懂得，精神文明是建立在物质文明基础之上的，如果我们每天为衣食奔波，便很难考虑精神需求。

① 今通译作"吉尔吉斯"。——编者注

自然情形的支配。自然情形之中支配动植物的分布的，以气候、地形、土壤三项较为重要。三项之中气候尤为重要。

气候　通俗所谓气候，指平均的天气而言，意义不甚明了。我们现在所说的气候，包含一个地方每日平均的湿度及每日温度的变更，四时平均的温度及四时温度的变更，雨量的大小，降雪的多少，空气的湿度，云雾的轻重或有无及其他空气中一切的情形。

气候对于人生的影响可分为两方面说：（一）间接的影响；（二）直接的影响。所谓间接的影响，就是人生种种的需要大半不能不受气候的支配。比方寒冷地方或温暖的地方抑或极热的地方的动物都有特色。种类既异，繁殖的情形也各不相同，动物学家把这些气候不同的地方的动物群分开，定了特别的名称。动物学家和古生物学家都知道热带动物群（Austral fauna）、寒带动物群（Boreal founa）有如何的异点。要明白动物的分配与气候的关系，我们随便拿一张动物分配地图一看就知道。植物也是受气候的支配。寒冷地方的植物都矮小，顶冷的地方只有藓苔类的植物发生。热地的植物常茂盛高大，易成丛林，湿地与干地的植物又大不相同。比如禾稻类性喜卑湿，稷麦类性甚干燥，它们的成分多少都有点不同。所以在吃它们用它们的人类身上，自然也应该发生不同的影响。

气候学家向来有一个问题，至今还没有完全解决。那就是世界上的气候仿佛有周期的变更。这个周期的长短大概 10 年或 11 年，或者 10 年、11 年的倍数。这种

✍ 下定义

下定义是一种用简洁明确的语言对事物的本质特征做概括的说明方法。这里就对"间接的影响"做出了明确的界定。请注意，"下定义"必须抓住被定义事物的基本属性和本质特征。

✍ 点评

很有趣的植物与气候的关系知识。你家里有哪些绿植？记得要根据植物的特点来照料它们。

名词解释

太阳的黑点：
又叫太阳黑子。太
阳黑子是在太阳的
光球层上发生的一
种太阳活动。太阳
是磁场聚集的地方，
黑子是太阳表面可
以看到的最突出的
现象。一个中等大
小的黑子大概和地
球的大小差不多。

字词释义

流离颠沛(liú lí
diān pèi)：指由于
灾荒或战乱而流转
离散。

废弛（fèi chí）：
意指废弃懈怠。

周期的变更仿佛与太阳中的黑点的出没有一定的关系。据近来 A.E.Douglass 的研究，这种周期的变更影响到树木年轮的厚薄。即此一端，足见植物与气候息息相关的情形。

不用讲这种精微的地方，就是从极粗浅的地方着想，我们也知道气候与人生关系如何地密切。像我们这样的农业国家，遇了几年大旱，或者雨量过多发生了水灾，几百万男女老幼都是流离颠沛，一切的事业因而废弛。高尚的修养，比如种种教育机关，只好停办了。

人类的食品与气候也是大有关系。冷地方的人宜多食发热的食料，比如麦类、乳酪类、脂肪类。这些食品滋养料甚多，所以冷地方的人体力较大。热地方的人多食清淡的食料，比如水果瓜菜米类。若吃发热太多的食料，必致发生消化不良的病。世界上有一种顽固守旧的英国人，他们到南洋殖民，每日早餐还要吃两个鸡子、一块咸肉。吃了不过一两年，他们就要请病假回国了。我们的饮食不能不受气候的支配，于此可见一斑。

我们所住的房屋的大小形式也要受气候的支配。中国北部的房子为什么平顶矮小的居多，南部的房子带屋脊而且较为高大的居多，都是因为雨量风力所逼迫而成的。这一层不用细说，我们都知道。

我们的职业，甚至于一国工商业的发展，有时气候也有重要的关系。请看我们国内所用的洋线洋纱，从前差不多都是由英国运来的，近来从英国运来的还不算少。英国的纺织差不多都在 Lancashire①。我们看世界上棉花分布的区域，并没有 Lancashire 这个地方。然则何以那里的纺织业发达？我们看世界上雨量分配图，就明白那个原因。原来 Lancashire 一带空气很湿，而纺织事业宜于空气湿的地方。有了这种天然的条件，并且还有其他天然的条件凑合，所以 Lancashire 的纺织业是非常地发达。

现今世界上人文的特色，可以说是自由地利用天然势力。现在我们所用的天然势力，大半出在煤和煤油身上。全世界地下所储蓄的煤和煤油有一定的分量。现在我们用起来一天多一天，而它们在地下一点也不能增长。那么一定有一天煤和煤油要用尽了，这个时期并不甚远。那时候我们的汽车电车恐怕一齐都要停摆，有什么法子补救？我们只好另外辟一个天然势力的渊源。由原子里取出来，恐怕做不到。仰仗木材，木材长得太慢。将来恐怕有一天我们还要大计划地从太阳身上想法子。这法子并不太难。太阳每日给我们地球多少热能力，不过有的地方空气中湿气太重云雾太深，将太阳送来的热力吸收去了。现在世界上已经有人做出太阳发动机，不过不甚完善，效力不大。这种机器将来如若能改良，现在人人放弃的撒哈拉（Sahara）大沙漠或者变成与现在世界上顶好的煤田相同。

以前所说的都是气候间接地对于人文发生的影响。还有许多直接的影响。

昨天天气清和，我们都觉得做事格外爽快。今天

点评

根据现在的语言和阅读习惯，这里的"凑合"换成"配合"或"辅助"更适宜。

名词解释

人文：是人类文化中的先进部分和核心部分，即先进的价值观及其规范。是重视人的文化。

点评

这里说的"从太阳身上想法子"，就是我们现在所提倡的太阳能的利用。

---

① 今通译作"兰开夏（郡）"。——编者注

点评

这里讲的是天气对人们心情和精神的影响。

点评

气候不仅直接影响人的身体和心态，还间接影响了文化和文明的产生。

分类别

从三方面来详细说明世界各地的气候是因为什么而发生了差别这个问题。

天气阴湿，大家觉得精神萎靡，做事也比昨天迟钝。一入初夏，筋骨都觉得松了。一交秋令天高气清，我们的头脑仿佛格外地明晰，筋肉格外地紧张，仿佛发生一种乘长风破万里浪的气概，这种感觉正是表示气候对于人类的精神、身体有何等直接的影响。关于这一层，Huntington 研究最详。他曾用统计的方法把世界各地方的湿度、温度对于居民的健康程度的关系，做出几个重要的图出来了。他又做出许多图来比较世界各地文化的程度与气候的关系。照 Huntington 研究的结果，气候的变更比平均的气候对于人类的影响较为重要。

热带地方的人民容易饱暖，体力较小，所以他们不好运动，而好静想。一方面使他们发生怠惰的习惯，一方面使他们易倾向于消极的思想。然则佛教出于印度乃是自然而然，并非偶尔。埃及、波斯等地文化只限于人文发展的初期，一部分也可从气候上解释。

然则世界上各处的气候何故发生了差别？这是一个根本上的问题。我们对于这个问题可以简单地回答，分为三层：（A）受纬度的支配；（B）受气流及潮流的支配；（C）受地面的高度及形势的支配。假若地球的表面极为平均，无高低的差别，无海陆的差别。那么，全地球可分为许多气候圈。每个气候圈都与赤道平行。同一时候各气候圈所受的阳光不等。在赤道附近，当春分秋分时候，太阳正在赤道之上，所以受阳光最多。当冬至夏至时候，太阳离赤道最远，所以受阳光最少。但是这种变更不甚重要，因为一年之中，每日正午太阳总离顶线不远。若由赤道向北极走，离赤道愈远，太阳的光线射到地面愈斜。但是同时昼夜长短的差愈大。若在夏季昼愈长夜愈短，因为白天的时间增长，所得的阳光与因为光线变斜所失的阳光两两相消。在六月廿一日北半球所受的阳光有两个最大的处所。一个在纬度四十三度半；一个在北极。纬度六十二度附近所受的阳光最少。正月廿一日南半球的情形与北半球六月廿一日受太阳热的情形大致相似。

然而就事实上看来，世界上的气候并非接着这种受阳光的情形分配的。热带地方有雪山，比如 Kilimanjaro，Ruwenzori。纬度极高的地方比如挪威的北部也可居人。这就是一方面有地面的高度调剂，一方面有暖潮调剂，以前曾说过英国西部 Lancashire 一带比东部的雨量较多。其所以发生这种差别，就是因为英国中间有一条山脉，由北至南，名 Pennine Range，由大西洋来的风中所含的湿气一半为这条山脉所挡住。我们中国南方雨量较多北方较少，一半自然是季候风使然，一半也是因为中间有一条很长而且很高的秦岭挡住东南边来的湿气。

高山不独如前所说能支配湿气的流动，并且能促水汽的凝结。照以前所说的种种事实看来，一地的气候至少有一部分受地形的支配。

地形及水道 一个地方的水道乃是直接受那个地方地形的支配显而易见。这两层无妨并作一层说。地形与人生的关系也可从两方面说去：（一）间接的影响；（二）直接的影响。间接的影响又可分为几层说。植物群的分布常与地面的高度以及地面的形势有一定的关系。比方在喜马拉雅山脚，我们所见的植物是热带的植物，渐渐上山，植物的种类渐渐变更，与温带地方的植物相当。到最高的处所

读书笔记

_____

_____

_____

_____

_____

名词解释

季候风：全称是季节演变风，指随着季节演变，陆地和海洋出现温度差距，形成的大尺度风系统。

字词释义

鹿豕（lù shǐ）：指鹿和猪。比喻意有三个，一是比喻山野无知之物；二是比喻好群聚的人们；三是比喻愚蠢的人。

字词释义

骑驭（yù）：这里的意思为骑马，使马服从自己的意志而行动。

点评

由此而知，地形和水道影响了一地的交通，进而又影响到当地人们的信息交流和思想开放程度。

所长的植物，却与寒带的植物形态相似。动物群也是与地形有一定的关系的。有的宜于山居，如猴类、虎豹类。有的性喜高原或平原，如驴马等类。有的性喜卑湿，如鹿豕等类。所以居高原平原的人得了驴马等类交通的利器。他们长于骑驭。因之渐渐发生了许多特别的习惯。

为简单起见，我们可将各样的地形概分为二式：（一）丘陵式；（二）原野式。丘陵式的地方常有山脉起伏，河流萦绕。此种地方的河流往往较深而不易泛滥，便于行船。中国南部，即秦岭以南的地方，属于这种形式。原野式的地方常有广大的高原、平原，一起一落。高原与平原接头的地方，地形变更甚急，河流较浅，河床极宽，容易泛滥，不利行船。中国北部即秦岭以北的地方，属于这种形式。一地文化的发展，交通的难易，可算得是极重要的原因。所以泥耳河[①]畔，Tigris[②]，Euphrates[③]，以及恒河流域等处，都是古代文化的渊源。中国西北境都是高山，东南一片浩海，所以几千年关在门里，与他族老死不相往来，没有什么进步。就中国内部而论，南北的情形亦有大不相同之处。南边因为有一条长江，所以近年来新思想发育较快，北边虽有一条黄河，不能利交通。北部的居民新思想发育较慢，这不能不算一个大原因。

一个大陆上分了许多国。一国里往往又分了许多政治区域。这些国界和政治区域的境界，往往就是地形变更的地方。又可以说是地文区域的界线。请看英伦与威

---

① 今通译作"尼罗河"。——编者注

② 即底格里斯河。——编者注

③ 即幼发拉底河。——编者注

尔士的界线，西班牙与法国的界线，意大利和瑞士与奥国的界线，战国时代各国的界线，三国时代魏蜀吴的界线，现今中国各省的界线，都不是偶然发生的，亦并不是绝对地用人工做成的，多少都有天然地形的关系或地文的关系存乎其中。一个国家理想的政治区域，当然应与那一国的地文区域多少一致，因为那样合乎自然的组织，就行政的便宜上说，最为经济。就政策上说，最足以启发各地方人民的特长。

至若地形对于人生直接的影响，可分为身体方面与精神方面两层。山路崎岖，往来行旅必要费许多的精力，且山上的气候往往比平原的气候变更较为剧烈，所以山居的人民往往体力较大，并且富于坚忍耐劳之性。平地的居民锻炼体力的机会较山居的为少，所以他们的性质体格往往较为软弱。这是只就身体方面说的。若论到精神方面，影响之大较身体方面恐怕有过之无不及者。人类是最富于模仿性的一种动物。外界种种的形状，都在他心里留一个印象。这些印象他随时就可拿出来应用。我们何以知道做一个车轮？绝不是因为有了几何学我们才能知道做出一个圆的东西。我恐怕天上的太阳月亮早已把一个圆的观念给我们的祖宗了。由此类推，人类所有种种形态上的基本观念，恐怕不由天然界得来的很少。更进一层，人类自己的性格恐怕也不能逃脱天然界种种物象的支配。山象巍巍，所以山居的人禀性应甚沉重。水象清淡，常常流动，近水的居民应该禀性较为轻率而圆通。中国北部风景简单，黄土平原，一望数千百里，所以北方的人民赋性应该较为简单，较为直爽，但不免缓慢呆滞；南部山回水曲，景象随地不同，所以南方人心境应该较为复杂，往往智慧多端，但是不免近于狡猾。同为中国人种，数千年来受同样的教化，而性格竟相差若是。根本的原因大部分不能归之于地文。

然则地面何故发生种种形势，要根究这个问题，我们不能不讲到地质。

土壤，矿产，地盘构造　农业的发展几乎全视土壤的性质何如，不用详论。土壤的性质全视地下岩石的种类何如。岩石的种类又全视当地地质的历史何如。然则农业民族的生活状态与地质的情形有何等密切的关系，由此可以想见，不独农业与地质有如此的关系。就是一地的矿产对于一个民族发展的历史也往往有极重要的关系。比如欧洲自从工业革命以后需用煤铁日多一日。英国一国煤田甚多，英国的煤层并且常与可采的铁矿互相毗连或相距不远。有这种天然的利益，所以英国的工业发达独早。德法两国屡次交战，杀人数百万，虽然有种种历史上的原因，然而 Alsace-Lorraine 的铁矿不能不算是惹起这种历史上的大事件的一大原因。日本铁矿甚为缺乏，但需铁很多，自己国里没有造铁的原料，所以只好极力到它邻近的中国来想法子。山西一省几乎全是煤田，现在因为交通不利工业不振，山西的人民还是多数务农，将来我们国里实业发达，山西必有大开煤矿之一日。山西人民大部分必至于抛弃他们祖宗遗传的农业而入于矿业一途。太原也许变成一个中国的柏明罕。矿产对于一个民族的前途又有如此重大的关系。

现在说到地形，各种的岩石结构不同，性质不同。

通过英国的工业文明发展之快来说明矿产、煤炭资源对于一个国家、地区发展的重要性。

点评

现在，山西省的交通非常便利发达，经济得到长足发展，作者的愿望已经变成了现实。我们应该珍惜这个伟大的新时代。

各地岩石构造的情形往往各有特象。这些结构不同，性质不同，构造不同的岩石受了风雨的剥削各应其抵抗力的大小，在地面上呈各种形状。岩层如有破裂或褶皱的地方，在地面往往也有特别的形象发生。以前所说的英伦与威尔士交界的地方地形忽而变更，乃是两方面地层的种类不同，构造的形式不同所致。东面属于中生世的岩层褶皱甚缓，西面属于古生世的岩层褶皱甚急。英国中间之所以发生 Pennine Range 挡住西来的湿气，是因为古生世末期欧洲发生一次地盘大改造，那就是地质学家都知道的 Hercynian 改造。意大利北境之所以有山脉，是因为第三期的中叶欧洲又发生了一回地盘的鼓动。中国秦岭以北地层褶皱较少，破裂甚大，呈平台式，所以地表的形状属于原野式；南部褶皱甚多，所以呈丘陵式。

伦敦之所以为伦敦，有人以为纯系偶然，其实大谬。伦敦地盘的构造像一个盆形，故名伦敦盆地。盆中都是为四边翘起中间凹下的地层所填满的。那些地层的构造对于造天然喷水井非常相宜。因为有这种天然的便利，所以当初有许多人家积居在伦敦盆地的中间，渐渐繁盛，于是才有今日的伦敦。巴黎之所以为巴黎，也可用同样的理由解释。

不要说这种大地方，就是极小的一个村落，一条道路的存在，只要仔细地考察，往往能找出地下的原因来。比如一个小褶皱，或是一个地层中的小裂缝，或是一层特别的岩石的露头，都可为收集居民的原因。常在实地调查地质的人，都知道这种奇怪的事实。

综括以上种种，我们现在敢下一个断案。那就是

字词释义

褶皱（zhě zhòu）：岩层在形成时，一般是水平的。岩层在构造运动作用下，因受力而发生弯曲，一个弯曲称褶曲，如果发生的是一系列波状的弯曲变形，就叫褶皱。

字词释义

大谬（miù）：大错特错，与实际完全不符。

字词释义

连亘（gèn）不断：接连不断，连绵不断，多指山脉。

点评

正因为这诸多的不同，才成就了我们这个多姿多彩、参差多态的世界。这原本是件好事，世界各国应该彼此欣赏，求同存异，共同发展。

我的笔记

_____
_____
_____
_____
_____
_____

地下的种种情形有左右地上居民生活状态的势力。那种势力的作用，常连亘不断。它的影响虽然不能见于朝夕，然而积久则伟大而不可抗。人类既是自然界的一部分，怎样能逃脱这种熏陶孕育的势力？这种势力千变万化，运行各异其方。各地居民受其影响者，各具特殊之性。于是甲地的人民长于某种制造，乙地的人民工于某种美术。倘若各地人民逐渐发挥其天赋的本能，彼此和合，彼此补助。小而言之一地或一国的文化，大而言之全世界的文化乃得尽兴尽量发展。我很希望政治学者社会学者解决种种实际问题的时候，把我们现在所讨论的一层纳入考虑之中。我并且希望将来有机会根据这个原则来讨论中国的政治区域应如何划分。

日积月累

不足为奇　制裁　车载斗量　精微　流离颠沛
废弛　天气清和　精神萎靡　乘长风破万里浪
萦绕　禀性　连亘不断　尽兴尽量

拓展训练

认真阅读第三自然段，用自己的语言总结一下以前所说的风水与现在所说的风水有哪些不同。

延伸思考

我们常听人说：一方水土养一方人。试着从文中找到与此相应的语句。

地球之形状

? 文前小问号

地球的形状是怎样形成的？有哪些决定性因素？用了多少年？以后还会变吗？

在昔人类智识幼稚之时，咸以为地为平形，天覆其上，四海寰其周，天圆地方之说，大约由是以起。巴比伦及希伯来之谈天者，皆主张与此类似之说。诗人何马（Homeros）亦道及"瀛寰（Ωχεανόz）"，其信地为平形，大海寰之，似无可疑。及人类智识渐渐进步，观察渐渐锐敏，乃逐渐识破地平之说与日常经验大相凿枘。如人由南往北，或由北往南，见北极星宿迁移高度；又如船舶之向大洋中进行者，于"海天相接"之处，逐渐落于水平线下，终至不可睹。其他尚有种种现象，皆足与人以地球之概念。

首倡地形如球之说者，似为皮大果拉士（Pythagoras）。

字词释义

寰（huán）：指广大的地域。

字词释义

瀛寰（yíng huán）：指全世界。

点评

这说明人们对事物的认知过程是一个循序渐进的过程，需要时间和知识的积累。

点评

本段告诉我们，地球的形状是扁圆形的这一结论不是一家之言，而是世界各地著名的、相关领域的科学家分别研究，而后得出的较为一致的结论，是经得住推敲的。

人物介绍

加可比（K.G. Jacobi）（1804—1851）：德国数学家。是被广泛承认的历史上伟大的数学家之一。他几乎与阿贝尔（Abel，1802—1829）同时各自独立地发现了椭圆函数，是椭圆函数理论的奠基人。

其后经亚力士多得[①]（Aristotle）多方论证，地球之说，始能成立。亚氏复引数学家计算之结果，谓地球之周，约长40万司塔底亚（即4.6万英里），然当时信之者固寥寥也。

纪元前250年时，埃及学者耶拉脱士亭[②]（Eratosthenes）始计划一种方法，以实测地球之形状，其结果虽不精确，而其方法则传至今日，测地家咸袭用之。

依重力之法则及远心力之关系，牛顿断定地球应呈扁球之状，扁球之短轴即旋转轴，赤道一带稍形隆起，其长轴与短轴之比应为229：230。海景（Huygens）亦依重力之关系，推测赤道之径稍大，两极之径稍小，其比应为578：579。1735年，法国科学院之科学专家为考察地球究竟是否呈一扁球起见，特别组织两个考察队，一赴秘鲁，测量赤道附近每一度所夹之弧长；一赴波罗的海北部之波士尼亚（Bothnia）湾，测量近于北极方面每一度所夹之弧长。以两方所得之结果相比较，乃得证实地球之形确属一种扁球，或与扁球类似之形状，赤道一带隆起之度较大。

自兹以后，地球为一种扁形球体之说，学者虽认为已经证实，然究竟呈何种扁形，则仍属疑问。加可比（K.G.Jacobi）从动力学方面证明匀质流体旋转之时，其平衡之形状，不限于扁球，椭球之三轴成某一定之比，并在某一定旋转之时间者，若依其最短之轴旋转，亦可入于平衡之状态。地球为三轴椭球之说，由是而得力学

---

① 今通译作"亚里士多德"。——编者注

② 耶拉脱士亭现常被译为埃拉托色尼，是希腊人，但曾应埃及国王的聘请，任皇家教师，并被任命为亚历山大里亚图书馆一级研究员。——编者注

上的根据。唯地球既非匀质之流体，则加氏之假定，似乎根本不能成立。况就现今大陆与海洋分配之情形而论，非独三轴椭球一见而知其不能与地球之表面符合，即任何数理上之形状，恐亦未能与地表实际之形状一致。

无已，吾人只可求一较为近似且较为简单之数理上之形式以为代表，是则舍扁球而外无他也。若由法、英、俄、印度、南非、秘鲁各处所测之子午弧线推算（照前法），则地球之短半径，亦即南北极方向之半径应为 6,356,583.8 米，达地球之长半径，亦即赤道之半径应为 6,378,206.4 米，达长短半径之比，亦即扁度应为 294.98 ∶ 293.98。

关于地球之形状，据吾人所知，盖有如此。乃近日报传有某某三君，经数年研究之结果，否认地为圆形，并否认自转公转等事实，得某某商会之助，制成新式时辰表一架以定时刻，一若为世界上一大发明者。三君能将其破天荒之学说及其制造一公诸世乎？

日积月累

瀛寰　袭用　寥寥　盖有如此

拓展训练

文中最后一句话"三君能将其破天荒之学说及其制造一公诸世乎？"有较深的文言色彩，请试着翻译成现代文。

延伸思考

通过阅读本文，结合你已知的地球知识，关于地球的形状，你能做出怎样的总结？

点评

　　这说明作者倾向于地球是扁球形之说。

点评

　　看来，对于某某三君的言行，作者是持批判态度的，认为他们不过是哗众取宠的做法，其结论无科学依据，也经不住事实的推敲。

我的笔记

人类起源于中亚么？

？文前小问号

中亚是哪些国家和地区？人类起源于什么物种？

字词释义

遗骸（yí hái）：指的是弃置而暴露的尸体。

字词释义

后裔（yì）：已经死去的人的子孙。

近几年来，因为美国纽约天然历史博物馆的第二次亚洲探险队，在内蒙古和天山北路一带，发见了许多爬虫和哺乳动物的遗骸；并且证明北美古代的爬虫有许多是亚洲种的后裔；一班研究高等动物进化程序的人，愈觉得中亚是大多数高等动物发祥的地方。人类学者对于此种发见，尤觉饶有趣味。就是第三次亚洲探险队的领袖安竹士氏自身，也曾再三声明，说他们到内蒙古最大的目的，正是想证明这种假定，根本不错。他们还抱着极大的希望，去找人类始祖的遗骨。

中国领土内的发掘事业，是不是应该烦外国人代劳，第三亚洲探险队的目的，是不是纯粹限于科学事业，我们虽不敢断言，但是，我们可以说，他们的工作，对于哺乳动物和人类的发达史的确有不少的贡献。从他们过去的成绩，不难推测他们工作的情形和他们主要的目的。

提起人类起源的问题，除了无知无识者和一班宗教家外，（特别自称为原始信徒"Fundamentalist"者）恐怕没有多少人不联想到猴子的身上去。可是猴子的种类很多，各种猴子与人相去的程度也不大相同。达尔文曾经说过：最高级的猴子与最低级的猴子相比，它们的差别，恐怕较最高级的猴子与最低级的人类的差别还要大。所以考察人类的起源，在一方面固然可以从人类自身追溯，而另一方面还少不了要查猴子进化的历史。在现在这个世界上生存的猴子，种类已经不少；还有许多种类，久已灭迹了。所以我们如若想研究猴子的发达史，除动物学上的工作外，还得要借重古生物学。北京协和医学校的布拉克（D.Black）氏，最近在中国地质学会会志第四卷第二号上，发表了一篇文字，搜罗一切关于古代猴子分配的事实，并说明其如何如何分配的原因，极得要领。凡属留心人类起源者，似乎不可不一读。

布拉克的讨论，共分三步。第一，由现今世界的地势总说猴子与猿人传播的情形。第二，从古代的地势观察它们传播的程序。第三论到古亚洲大陆（Palasia）的形状组合对于猴子的进化及其传播应有的影响。

在第一步的讨论中，布氏根据雷德卡（Lydekker）和马太（Mhtthew）的意见将赫胥黎（Huxley）所谓大北动物区域（Arctogaea）及大南动物区域（Notogaea）分为五大区。（一）全北区（Holarctic），包括北亚、中

点评　从中可见，作者对于外国探险队来中国考察行为的评价是客观公正的，体现了科学无国界精神。

引用　引用是指在说话或写作中引用现成的话，以表达自己思想感情的修辞方法。这里引用达尔文的话来说明猴子与人相差的程度不同。

字词释义　极得要领：抓住了事物的要点或关键。其反义词是不得要领。

名词解释

狐猴类：灵长目原猴亚目狐猴科的通称，外形与鼠、猫、狐和猴都有相似处。体长13～60厘米，体重60～3000克，尾长17～60厘米，相当于或超过体长，尾毛密而长。

字词释义

无怪乎：对某种现象不感到奇怪。

亚、欧洲全部、非洲北部、美国的大部分及墨西哥的北部。（二）远东区（Oriental），包括中国南部、印度及马来群岛。（三）南非区（Ethiopian），包括非洲中部、南部及马达加斯加群岛。（四）澳大利亚区（Australian）。（五）新热区（Neotropical），包括中美及南美全部。

现在生存于这些区域的猴子，以及在这些区域中已经发现的猴子化石，种类虽然不少，但其中最著者的分配，都有一个相同的系统。例如狐猴类（Prosimiae）中现在生存各种，几乎有一半都限于马达加斯加群岛；其余有若干分布于非洲大陆，若干分布于远东区的东南境。而在此二区域生存的狐猴，不独无同种，并且无同族，证明它们共同的祖宗，必定久已消灭。在全北区中，现在绝无狐猴。可是在中国北部以及北美欧洲都有初级狐猴生存的遗迹。那些初级的狐猴，皆属于古新乃至初新时代。就进化的阶段讲，它们发育的程度，大致相等；而它们一部分散布于美洲的北部，一部分散布于欧洲，无怪乎马太、斯特苓（Stehliu）诸氏相信此等猴类，必有共同的祖先，那些祖先发祥之地，应该在欧洲与北美间之某处，中亚细亚喜马拉雅山以北一带，恰合这种条件。

其次，布氏说及广鼻猴类（Platyrthina）。这种猴类的分布，全限于新热区。它们与人类的起源无关，兹不必说。与人类有直接关系的猴子，乃是狭鼻猴类（Catarrhine）。其中猕猴（Cercopithecidac）、人猿（Simüdae）两族，与现今人类的发育最有关系。

猕猴可分为两亚族。其一体格较小，又称为小猕猴宗（Semnopithecinae）；其他体格较大，可称为大猕猴宗（Cercopithecinae）。古代小猕猴的遗骸，曾经发见于波斯、希腊、意大利及埃及等处。它们都属于次新（Miocene）及更新（Pilocene）时代。现今的小猕猴，分为两支，一支无拇指，分布于非洲。一支所谓天狗猴（Nasalis）类，其分布限于远东区。俾路芝到红海一带，绝无小猕猴的踪迹。所以从小猕猴在古代及现在分布的情形看起来，布氏唯有假定中亚为其发祥之地，才可说明其连续传播的事实。从大猕猴在欧亚非三洲分配的情形推论，布氏得了同样的结案。

再次，说到人猿族。此族中现今存在者，有长臂猴（Hylobate）、大猩猩（Gorilla）、山般子（Anthroropithecus）、西猕猩猩（Simia）等类。其中大猩猩及山般子的分布，限于非洲赤道一带。长臂猴和西猕猩猩都在远东区的热带附近，如中国云南、海南，越南以及马来群岛各处。这四类猴子，就其身体的构造而言，长臂猴最特别。大猩猩和山般子颇相类似。西猕猩猩与前说两类比较，相差颇大。所以布氏推测人猿族的祖宗必定发祥于非洲与远东区之间的地域；而且必定经过长时间的变化，它的子孙才发生今天体格上的差异。布氏这种断定，有许多初级人猿类的化石以为证佐；那些化石产于印度的北部及欧洲的南部。它们都属于少新及次新时代。其中最有力的证佐，是有许多事实，表示欧洲的初级人猿，比它们在印度的同类，离祖宗发祥之地较远。

在第一步讨论中，布氏最后提及各色人类的分布。其中有三点最足以使我们注意。（一）一切现今的初级人

比较说明

比较说明是说明的基本方式之一，通过比较来揭示、辨析事物的特征。这里通过比较来说明四类猴子的身体特征。

点评

作者之所以赞成布氏的观点，不是因为他的名气，而是因为他的断定有诸多有力的证据。再一次体现了其学术态度的客观公正。

名词解释

虾夷：北海道的古称。虾夷人是古代日本的族群之一。根据其地理分布分为东虾夷、西虾夷、渡岛虾夷、渡觉虾夷等。虾夷是指他们毛发长如虾须。

比喻

把环境变更下种族进步的弧线和频率比喻为波浪。

种（Protomorph）如日本之虾夷，非洲之学江（Fuegian），南非洲之波脱久多（Botocudos）都分配在全北区的边陲，或其附近。（二）现今已经发现的猿人化石，在东方的要算爪哇人（Pithecanthropus erectus），在西方的要算皮尔道人（Eoanthropus Dowsoni）及海得伯人（Homo heidelbergensis）。这两批人类几乎同时传播到欧亚大陆的两端。——大概第四纪的初叶——但是严格地讲起来，爪哇人到爪哇的时期，少许在先。皮尔道人和海得伯人到欧洲的时期，少许在后。（三）在爪哇曾经发见澳大利亚人的祖先。这些事实仿佛都表示人类的传播，都是由亚洲的中央向四面八方移动的。

布氏立论，完全根据马太意见。马太说："无论什么是使一个种族进化的原因，在那个种族发祥之地，（也可说是他传播的中心）他的进步常常最快；并且在同地应其环境的变更继续进步。每次进步，必致较高级的种族向外传播，仿佛波浪。所以在一定的时候，最高级的种族，离传播的中心最近。最守旧的种族，离传播中心最远。"根据这种意见去看以上所述各项事实，我们似乎不能不承认布氏的结论，那就是自第三期的初期以至近代人类发生之日，中亚细亚为大多数高级动物发祥之地。

布氏第二步的讨论，是利用葛利普氏最近所编的古代地势沿革图。葛氏的地图，是专从无脊椎动物的分配上研究得来的。然而他所表示的海陆变迁，恰与布氏理论上所要的条件相合。即此一端，愈觉人类起源中亚之说可靠。

布氏第三步立论，多为他个人的理想；待证实的点颇多。现在我们在此似乎不必详论。

日积月累

遗骸　后裔　追溯　极得要领

发祥　证佐　边陲

拓展训练

"即此一端，愈觉人类起源中亚之说可靠。"请改写这句话。

延伸思考

本文共提及了几种猴子？你最熟悉的是哪种？请描述一下它们的外部特征。

我的笔记

_____

_____

_____

_____

_____

_____

地壳的观念

❓ 文前小问号

什么是地壳？它的硬度如何？

名词解释

地壳（dì qiào）：地质学术语。是指地球固体圈层的最外层。

类比修辞

通过海洋生物住在海底和蚯蚓住在土中，来说明人类住在气壳底下，引起读者的联想。

人们都以为我们住在地壳的表面，实际上我们并非住在地面，却住在地中。我们的头上还有一层空气压着我们，包着我们。这层气壳的厚度，在 300 公里以上，不过愈向上走，气壳的密度愈小，压力也愈小，高到四五十公里的地方，气压已经比一厘米水银柱的压力还小。我们住在气壳底下，正和许多海洋生物住在海底，抑或蚯蚓之类住在土中相类。气壳的组成，并非上下一致的。下部氧气较多，所以生物得以生活。愈往上走，氮气愈多，到 100 公里以上，几乎完全是氮气。再上氦气（He），更上氢气（H）成了主要的成分，严格地讲起来，这一圈大气，要算是地球的皮表；要算是地壳，但是因为流质的关系，普遍不认它是地壳。我们不独不认大气层为地壳，连那海洋也不认为是地壳的一部分。

实际上所谓地壳者，虽无严密的定义，然大致可说是指地球上部由普通岩石组成者而言。普通人所见者，只是岩石层的表面。地质学家所见者，也不过从最新的地层到最老的地层以及各种所谓火成岩，一名凝结岩。那些极新的地层到极老的地层在一个地域总共的厚度，也不过20余公里。然则我们怎样知道地下还有类似地表的岩石？又怎样知道这些岩石往下伸展到一定的厚度？更怎样知道地下是固质或液质抑或气质造成的？这些问题如果都是悬案，我们有何理由说出地壳的名词。

然而地壳的名词，久已被人用了。地壳上的人们，不见得对于地壳有极明显的了解，只是揣想着地下的材料总和在地表露出的材料不同。这种观念的发动大约一面受了星云学说的影响，一面又因为火成岩和地温的分配，似乎地下愈到深处，温度愈高，若温度超过一定的限度，一切的固质，不免变为流质，火山爆裂，岩流进出，骤然一看，似乎都可以做流质地球的证据；而所谓地壳者，正如地壳包着卵白卵黄。可是天体力学者告诉我们，这样鸡蛋式的地球，是不能成立的。如果地球简直像鸡蛋式的构造，它早已受不起旋转和日月吸引的力量，它决不能呈现在这样的形状。

传统思想，如此地混沌。因之，对于地壳这一个名词，我们不敢任意接受。我们如若还想利用这一个名词，不能不做进一步的追求。且看我们能否替它找出相当的意义，地壳的命运，就决在这些。我们没有方法去打极深的地洞，看里面的情形。现在世界上用人工凿出最深

下定义

用简洁明了的语言说明了地壳的本质特征。

字词释义

揣想（chuǎi xiǎng）：猜测、设想的意思。

字词释义

骤然（zhòu rán）：形容来得很突然，没有任何的征兆，一下子就发生了。

字词释义

混沌（hùn dùn）：我国传说中指宇宙形成以前模糊一团的景象。也形容糊里糊涂、无知无识的样子。这里可理解为含混不清。

的地洞，也不过两千多米。地球如此之大，就是再凿穿两千米，也算不了一回事，况且愈到深处，工作的困难，增加愈多。我们还要知世界上有许多的事物，我们尽管能看见，能直接地感触，我们不见得就能认识，就能了解。观察是一回事，了解又是一回事。所以要看地球内部的情形，不能用肉眼，只能用智眼，不能直接地检查，只好用间接的方法探视。间接的方法，可分为下列几项，当然，仅就重要者而言：（一）地温；（二）岩石的分配；（三）地震；（四）均衡现象（内文均从略）。

依前述种种观测判断，地球的表面，除了大气层和海洋之外，确有较轻的岩石，造成地壳在大陆方面。地壳可分为两层，其间界限，不甚清楚，一名里壳一名表壳，表壳由酸性岩石，如花岗岩之类造成。里壳由基性岩石如玄武岩玻璃之类造成。在海洋方面，尤其是太平洋方面，似无表壳，只有里壳。大西洋为一个比较新成的海洋，所以情形稍有不同。

表壳的厚度，至少有 15 公里，也许到 20 公里以上。里壳的厚度，大致与表壳相等。两壳总共的厚度至少有 30 公里，也许厚到 45 公里。这是就普通的厚度而言。在特别的地方，它的厚薄，也许不是完全一致，不过不能超过此限太远。地壳以下，便是极基性而且甚重的岩石，与造成地壳的材料、性质颇有差异，现在我们所知道的情形，如是而已。

名词解释

酸性岩石：是火成岩的一类。是指二氧化硅含量大于 65% 的岩浆岩。特点是铁、镁、钙含量较低，暗色矿物含量较少，颜色多为灰白。

名词解释

基性岩石：是指二氧化硅含量介于 45% ~ 52% 之间的岩浆岩或火成岩。基性岩石的主要矿物成分为闪角石、辉石、橄榄石。而橄榄石、辉石及基性斜长石是易于风化的，故基性岩石非常容易风化。

我的笔记

悬案　揣想　骤然　混沌　如是而已

拓展训练

"而所谓地壳者，正如地壳包着卵白卵黄。"这句话是比喻句吗？如果是，请找出本体和喻体。

延伸思考

本文提到了"肉眼"和"智眼"的说法，请动动脑筋，想一想你是怎样解释这两个概念的？

如何培养儿童对科学的兴趣

？文前小问号

你对科学感兴趣吗？这种兴趣是天生的还是后天培养的？

类比

把科学对于社会发展的重要性类比为武器对于战争成败的重要性。

引用

引用名人的话，来说明利用科技改造自然的重要性和必要性。

要培养儿童对科学的兴趣，首先要培养儿童对祖国，对劳动人民的热爱。也只有具有这种热爱的人，才能无私地去钻研科学，用科学的成就来发展祖国的生产能力，提高文化水平，从而把那些宝贵的成就贡献给全体人类，丰富他们的生活。这样才能充分地发挥无产阶级领导的社会中儿童的高贵品质。这种崇高的品质，不是资产阶级社会中从事儿童教育的人们所能彻底了解的。

科学对于自然犹如战争中的武器。要想战胜自然，我们必须掌握这种科学的武器。苏联伟大的生物学家米丘林说："我们不能等待大自然的赐予，我们要向它夺取。"为着使自然更驯服于人类的意志，我们必须从认识自然进到改造自然，而科学就必须在这样的过程中发挥作用。

应当使儿童从很幼小的时候起，就注意到自然的伟大。家庭和学校的教育应该培养儿童对自然的兴趣和改造自然的愿望。在儿童好奇探求自然界知识的时候，应该加以诱导，应当利用游戏和玩具来发展儿童对于自然的认识和创作的要求。譬如建筑的游戏，可以培养思考和想象力；沙土的游戏，可以初步地发展改造世界的要求和愿望；飞机模型的创造，可以增加儿童对于航空机械的兴趣；而庭园和植花卉的劳动，大自然中的旅行，工厂的参观，都可以培养儿童对于大自然的爱，对于祖国的爱，对于科学的兴趣。有许多儿童从小就有将来做科学家的愿望，这是好的，但必须好好地培养。我们科学工作者们，应该帮助学校培养儿童对科学的兴趣。譬如与儿童会见，给他们讲科学发明的故事与新的科学成就，帮助儿童进行科学的实验和创造活动等。

新中国的儿童，是完全有条件在科学上发展自己的才能的。为了获得科学的成就，我们还须更艰苦和更坚决地努力。苏联伟大的生物学家米丘林，伟大的生理学家巴甫洛夫一生的奋斗，对于这种必需的毅力，就提供了很好的榜样。伟大的无产阶级导师马克思、恩格斯、列宁的一生奋斗的事迹和伟大的理想，更辉煌地照耀着我们儿童们光辉灿烂的前途，我为新中国幸福的儿童们欢呼。

字词释义

譬如（pì rú）：释义是比如。

排比句

用排比句来说理，可收到条理分明的效果，气势强烈。这一系列排比句的使用，使读者深刻地感受到玩具和游戏在培养儿童对科学的兴趣问题上所发挥的重要作用。

我的笔记

_____

_____

_____

_____

_____

_____

日积月累

崇高　赐予　驯服

诱导　譬如　光辉灿烂

拓展训练

在你的成长过程中，激发或诱导你对自然产生兴趣的玩具或者活动有哪些？请你罗列一下，分享给同伴。

延伸思考

"要培养儿童对科学的兴趣，首先要培养儿童对祖国，对劳动人民的热爱。"对于这句话，你是怎样理解的？

大地构造与石油沉积

?文前小问号

大地构造与石油的产生有什么关系呢？石油是怎样形成的？

自从苏联古布金院士把石油地质科学发展成为一个专门科学之后，我们对于石油地质的研究，就高度专业化了。我在这方面很少研究，今天我的发言，只能够从一般地质构造观点提出一些有关问题，希望这些问题的提出，对我们石油勘探远景计划，有些帮助。

大家知道，我对大地构造是有些特殊的看法，因此我要求专家和同志们给我一些耐心。

现在在提具体问题以前，我先提出两点，这两点对我们石油勘探工作的方向，是有比较重要的关系。

第一，是沉积条件；第二，是构造条件。这两点当然不是彼此孤立的，而是相互联系的。为了方便起见，

点评

从这句话可以看出，这篇文章是作者在某次地质学专业会议上的一篇发言稿。

点评

所谓"特殊的看法"，也就是与众不同的看法。

名词解释

地槽：地壳上巨大狭长的或盆地状的沉积很深厚的活动地带，长达数百千米至数千千米，宽数十千米至数百千米。

名词解释

有机物：有机化合物。狭义上的有机化合物主要是指由碳元素、氢元素组成的化合物，一定是含碳的化合物。有机物是生命产生的物质基础，许多与人类生活有密切相关的物质，如石油、天然气等，均与有机化合物有着密切联系。

我把这两点分开来谈。

大家知道，对于石油生成的沉积条件，最重要的是需要一个比较长时期，同时不是太深，也不是太浅的地槽区域，便于继续进行沉积和便于转变为石油的机会。因为需要不太深也不太浅的条件，所以我们要找大地槽的边缘地带和比较深的大陆盆地。对这些地域的周围，同时还要求比较适当的气候——适当的温度和湿度，以便利有机物的生长。这种气候的存在和动植物的生长，是可以从有机物质在岩层中，如化石的多少，表现出来的；如由煤、油页岩等等表示出来，就是说从岩层中所含的有机物的多少，可以看出沉积的情况。以上是关于第一点的概略说明。

其次构造条件方面，应该从三方面考虑：(1) 大型构造，如盆地、台地、地槽；(2) 中型构造，如断层、节理、片理、小的断层和结构面等；(3) 更小的构造，如颗粒的排列方式，孔隙存在的情况，包括用光学和其他适当的方法来检定岩石颗粒排列的方向——这是属于岩组学的领域，从这一方面得出的结果，往往对阐明流质在岩层中运动的方向有很大的帮助。这三方面的研究，是不应该孤立的，而是应该相辅而行的。

日积月累

地槽　勘探　沉积　边缘

有机物　阐明　相辅而行

我的笔记

拓展训练

请对比理解盆地、台地、地槽的概貌和特点。

延伸思考

请根据本文的阐释思考一下：石油的形成需要哪些条件？

看看我们的地球

? 文前小问号

关于地球的知识，你已经掌握了多少？你特别期待进一步了解什么？

点评

开门见山，用简明扼要的语言给地球下了定义。

点评

定义之后，又特别清晰地介绍了地球的构造，包括：气圈、石圈、水圈。

地球是围绕太阳旋转的九大行星①之一，它是一个离太阳不太远也不太近的第三个行星。它的周围有一圈大气，这圈大气组成它的最外一层，就是气圈。在这层下面，就是有些地方是由岩石造成的大陆，大致占地球总面积的十分之三，也就是石圈的表面。其余的十分之七都是海洋，称为水圈。水圈的底下，也都是石圈。不过，在大海底下的这一部分石圈的岩石，它们的性质和大陆上露出的岩石的性质一般是不同的。大海底下的岩石重

---

① 冥王星在 2006 年被科学家降为矮行星，从行星之列中除名，现在只有八大行星。——编者注

一些、黑一些，大陆上的岩石比较轻一些，一般颜色也淡一些。

石圈不是由不同性质的岩石规规矩矩造成的圈子，而是在地球出生和它存在的几十亿年的过程中，发生了多次的翻动，原来埋在深处的岩石，翻到地面上来了。这样我们才能直接看到曾经埋在地下深处的岩石，也才能使我们能够想象到石圈深处的岩石是什么样子。

随着科学不断地发达，人类对自然界的了解是越来越广泛和深入了，可是到现在为止，我们的眼睛所能钻进石圈的深度，只有十几公里。而地球的直径却有着12000多公里呢！就是说，假定地球像一个大皮球那么大，那么，我们的眼睛所能直接和间接看到的一层就只有一张纸那么厚。再深些的地方究竟是什么样子，我们有没有什么办法去侦察呢？有。这就是靠由地震的各种震波给我们传送来的消息。不过，通过地震波获得有关地下情况的消息，只能帮助我们了解地下的物质的大概样子，不能像我们在地表所看见的岩石那么清楚。

地球深处的物质，对我们现在生活上的关系较少。和我们关系最密切的，还是石圈的最上一层。我们的老祖宗曾经用石头来制造石斧、石刀、石钻、石箭等等从事劳动的工具。今天我们不再需要石器了，可是，我们现在种地或在工厂里、矿山里劳动所需的工具和日常需要的东西，仍然还要往石圈里要原料。只是跟着人类的进步，向石圈索取这些原料的数量和种类都是越来越多了，并且向石圈探查和开采这些原料的工具和技术，也就越来越进步了。

比喻

把地球比喻成一个皮球，来演示我们视线所能触达的局限性。

点评

此处的疑问句使得语言风格显得活泼，增强了文章的可读性。

点评

这让我们想起了"石器时代"的生活和劳动状态。

名词解释

放射性矿物：由天然放射性元素铀、钍等局部聚集形成的矿产资源。放射性矿山需要进行特殊的、严格的辐射防护、核环境保护及核安全等措施。

名词解释

放射性矿物：由天然放射性元素铀、钍等局部聚集形成的矿产资源。放射性矿山需要进行特殊的、严格的辐射防护、核环境保护及核安全等措施。

名词解释

星际航行：行星际航行和恒星际航行的统称。行星际航行是指太阳系内的航行，恒星际航行是指太阳系以外的恒星际空间的飞行。

列数字

通过列举的数字，我们可以形象地感受到地球的温度变化。

最近几十年来，从石圈中不断地发现了各种具有新的用途的原料。比如能够分裂并大量发热的放射性矿物，如铀、钍等类，我们已经能够加以利用，例如用来开动机器、促进庄稼生长、治疗难治的疾病等等。将来，人们还要利用原子能来推动各种机器和一切交通运输工具，要它们驯服地为我们的社会主义建设服务。

这样说来，石圈最上层能够给人类利用的各种好东西是不是永远采取不尽的呢？不是的。石圈上能够供给人类利用的各种矿物原料，正在一天天地少下去，而且总有一天要用完的。

那么怎么办呢？一个办法，是往石圈下部更深的地方要原料。这就要靠现代地球物理探矿、地球化学探矿和各种新技术部门的工作者们共同努力。另一个办法，就是继续找寻和利用新的物质和动力的来源。热就是便于利用的动力根源。比如近代科学家们已经接触到了的好些方面，包括太阳能、地球内部的巨大热库和热核反应热量的利用，甚至于有可能在星际航行成功以后，在月亮和其他星球上开发可能利用的物质和能源，等等。

关于太阳能和热核反应热量的利用，科学家们已经进行了较多的工作，也获得了初步的成就。对其他天体的探索研究，也进行了一系列的准备工作，并在最近几年中获得了一些重要的进展。有关利用地球内部热量的研究，虽然也早为科学家们所注意，并且他们也已做了一些工作，但是到现在为止，还没有达到大规模利用地热的阶段。

人们早已知道，越往地球深处，温度越高，大约每往下降33米，温度就升高1℃（应该指出，地球表面的热量主要是靠太阳送来的热）。就是说，地下的大量热量，正闲得发闷，焦急地盼望着人类及早利用它，让它也沾到一分为人类服务的光荣。

怎样才能达到这个目的呢？很明显，要靠现代数学、化学、物理学、天文学、地质学以及其他科学技术部门的共同努力。而在这一系列的努力中，一项重要而首先要解决的问题，就是要了解清楚地球内部物质的结构和它们存在的状况。

地球内部那么深，那样热，我们既然钻不进去，摸不着，看不见，也听不到，怎么能了解它呢？办法是有的。我们除了通过地球物理、地球化学等对地球的内部结构进行直接的探索研究以外，还可以通过各种间接的办法来对它进行研究。比如，我们可以发射火箭到其他天体去发生爆炸，通过远距离自动控制仪器的记录，可以得到有关那个天体内部结构的资料。有了这些资料，我们就可以进一步用比较研究的方法，了解地球内部的结构，从而为我们利用地球内部储存的大量热量提供可能。

在这些工作获得成就的同时，对现时仍然作为一个谜的有关地球起源的问题，也会逐渐得到解决。到现在为止，地球究竟是怎样来的，人们做了各种不同的猜测，各人有各人的说法，各人有各人的理由。在这许多的看法和说法中，主要的要算下述两种。一种说，地球是从太阳分裂出来的，原先它是一团灼热的熔体，后来经过长期的冷缩，固结成了现今具有坚硬外壳的地球。直到现在，它里边还保存着原有的大量热量。这种热量也还

拟人

拟人修辞方法，就是把事物人格化，将本来不具备人的动作和感情的事物变成和人一样具有动作和感情的样子。这里就把地下未被开发利用的热量拟人化了。

点评

人类的智慧真是太伟大了，只要我们善待地球，认真科研，有和谐发展观，科技会越来越进步，文明程度会越来越高。

字词释义

灼热（zhuó rè）：意思是像被火烧着、烫着那样热。

熔体（róng tǐ）：熔融的物质；熔融状态的材料。

在继续不断地慢慢变冷。另一种说法，地球是由小粒的灰尘逐渐聚合固结起来形成的。他们说，地球本身的热量，是由于组成地球的物质中有一部分放射性物质，它们不断分裂而放出大量热量的结果。随着这种放射性物质不断地分裂，地球的温度，在现时可能渐渐增高，但到那些放射性物质消耗到一定程度的时候，就会逐渐变冷下去的。

少年朋友们，从这里看来，到底谁长谁短，就得等你们将来成长为科学家的时候，再提出比我们这一代科学家更高明的意见了。

我相信，等到你们成长为出色的科学家，和跟着你们学习的下一代和更下一代的年轻科学家们来到世界的时候，人们一定会掌握更丰富更确切的资料，也更广泛更深入地了解了地球本身和我们太阳系的过去和现在的状况。这样，你们就有可能对地球起源的问题，做出比较可靠的结论。

也可以相信，再经过多少年，人类必定会胜利地实现到星际去旅行的理想。那时候，一定会在其他天体上面发现许多新的生命和更多可以为我们所利用的新的物质，人类活动的领域将空前地扩大，接触的新鲜事物也无穷无尽地多。这一切，都必定使人类的生活更加美好，使人类的聪明才智比现在不知要高多少倍，人类的寿命也会大大地延长，大家都能活到一百几十岁到两百岁或者更高的年龄。到那个时候，今天那些能够活到七八十岁的老人，在这些真正高龄的老爷爷眼前，他们也就像你们的教师在今天的老人前面一样要变成青年人了。

点评
　　作者如此深情的寄托，令人感动，同学们一定好好学习，不负先辈的重托。

读书笔记

_____

_____

_____

_____

_____

少年朋友们，你们想想，这么大的变化，多有意思啊！

我们不能光是伸长脖子，窥测自然界奇妙的变化，我们还要努力学习，掌握那些变化的规律，推动科学更快地前进，来创造幸福无穷的新世界。

日积月累

石圈　气圈　水圈　侦察
索取　灼热　熔体　聚合

拓展训练

既然早在那个年代，李四光就对后来人做出了那么深情的寄语，现在作为新时代的儿童，请你给李四光爷爷写一封简短的回信。

延伸思考

根据本文，地球深处的物质中，和我们生活关系最密切的是什么？

点评

美好的愿景必须辅以积极的行动，才能美梦成真，否则便是空想。

我的笔记

_____

_____

_____

_____

_____

从地球看宇宙

？文前小问号

从地球看宇宙，是什么样的情景呢？想一想都很激动呢。

点评

整个宇宙无时无刻不处于运动变化之中，所以我们要用发展的眼光看待世界。

字词释义

剖（pōu）面：物体切断后呈现出的表面，如球体的剖面是个圆形。也叫截面、切面或断面。

在宇宙空间中，分散着形形色色的天体和物质，都在运动，都在变化。就某种特定的形态而言，有的正在生长，有的达到了成熟的阶段，有的已经消逝。我们今天看到的宇宙，是其中每一团、每一点物质，在有关它们各自历史发展过程中的一个剖面的总和。这个总和，不仅具有空间的意义，而且具有时间的意义。其所以具有时间意义，是因为分布在宇宙空间的天体和物质，距我们有的比较近，有的很远很远，尽管光的速度很大，可是这些光传递到地球需要长短不等的时间。因此，我们同一时间，通过它们各自发出的辐射所获得的印象，是前前后后相差很远很远的时间的印象总合起来的一幅图像。在这个相差很远很远的时间中，不但恒星、星系等等的形象有所变化，它们彼此的相对位置，在几十万年，甚至几百万年中，也大不相同。可以断定，今天我们所见到的天空的面貌，不是天空今天真正的面貌；有的已成过去，有些新生的东西，还要等待很久很久以后，才能在地球上看见。

天文工作者用来衡量宇宙空间距离的单位之一是光年。光的速度每秒 2.997925×10^5 公里（约 30 万公里），一年的时间内光的行程叫作一光年，即 9.46×10^{12} 公里（近 10 亿公里）。近代天文工作者们，用来观察宇宙的工具，有各种类型的望远镜，其中有大型反射镜，还有各种特制的光谱分析仪，可以用来测量发光天体的温度、组成物质和运动等等。最近 20 年来，射电望远镜发展很快，利用这种工具的设计和使用，已经成了一项专业，叫作射电天文。射电"望远镜"实际上并不是什么望远镜，而是装上了特殊形式天线的无线电波接收器。第二次世界大战的后期，已经有人利用雷达装置来侦察来袭的飞机和导弹，现在的射电望远镜，就是在雷达接收装置的基础上发展起来的。射电望远镜能探测的电磁波范围，和光学望远镜不同，所以它不能代替光学望远镜所能做的工作。天文工作者们使用这些工具进行探索宇宙物质形态和运动已经多年了，他们逐步摸索出来了一些观测和研究方法，获得了一些比较可靠的成果。

最近，宇宙飞行技术的发展，对天体，特别是对我们太阳系成员的研究（包括行星、卫星和彗星），提供了新的途径，发挥了其他方法所不能起的作用；对于恒星的观测，也起了某种作用，因为在地球大气之外，能接收和分析那些被地球大气滤掉而不能到达地面的 X 射线、γ 射线、远紫外辐射等。

我的笔记

_____

_____

_____

_____

_____

日积月累

形形色色　消逝　剖面　辐射　光年　天体

拓展训练

请判断一下，"光年"是时间单位还是距离单位？

延伸思考

"今天我们所见到的天空的面貌，不是天空今天真正的面貌"，这句话该如何正确地理解呢？

地壳

? 文前小问号

地壳是由什么构成的？它对地球有什么重要作用？

原始地球，有些人认为表面有全球性的海洋覆盖，后来才划分海陆。也有些人认为，所谓全球性海洋，纯属无稽之谈，自从地球形成以来，有了水就有了海陆的划分，海与陆，是原始地球固有的表面形态。这两种设想，都是空想，都无可靠的根据，也值不得议论。我们现在谈地壳的问题，只好从实际出发，从地球表面现实的状态出发，这个现实的状态，在二十几亿年以前，已经基本上形成了。自此以后的地球，只是在有了岩石壳、陆地、海洋、大气的基础上向前发展。

地质工作者所能直接观测的范围，到现在为止，只限于地球的表层。这个表层，只占地球表面极薄的一层。

字词释义

无稽之谈（wú jī zhī tán）：指毫无根据的说法。

点评

我们研究问题要本着实事求是的态度，不能胡思乱想随便下结论。

✎ **点评**

可以透过现象看本质。

✎ **点评**

在分析外部变化时，没有一概而论，而是分别从大陆和海洋两方面进行说明，这说明作者的研究活动非常精细。

✎ **字词释义**

微不足道：指意义、价值等小得不值得一提。

但是，构成这一薄层的物质和它结构的形式，却反映了地球在它长期发展过程中，内部和外部各种变化正负两方面的总和。

内部变化，主要是建造性的，但有时既有建造作用，又有破坏作用，例如岩浆（即炽热的熔岩）上升，或并吞和熔化上层某些部分，继而又凝固；或侵入上层，破坏了它的完整性，同时又把它填充、胶结起来，而成为一个新的、比较更复杂的整体。外部变化，在大陆上，主要是破坏性的，而在海洋中，主要是建造性的。但有时与此相反，在大陆上某些地区，特别是在干旱和低洼地区，被破坏了的物质，积累起来而成为建造；在海洋中，由于海底潮流的作用，把已经形成的建造，部分地或全部冲毁，被潮流带到其他海域，再沉积下来。

所谓地球的表层，并没有明确的界线。概略地讲，就地质工作者直接观察的范围来说，在某些褶皱强烈的山岳地带，能观测的厚度只有十几公里，而在另外一些地层平缓的平原地区，能直接看到的地层厚度那就很有限了。这样的厚度，比起地球的半径来说，那是微不足道的。还必须指出，人们能直接观测的厚度仅仅是地球表层的上部。究竟表层有多厚？也没有明确的界限，更谈不上地壳的厚度。但是，我们可以从这个能见到的表层中，找出与地球漫长的历史发展过程有关的资料。

很早以来，人们从地球的表层所得到的印象，逐渐形成了地壳的概念。随着地质科学的发展，地壳的概念逐渐变得比较明确了。但至今还很难指出全球地壳的厚度究竟有多大，控制地壳形态的主要因素又是如何。现在，综合各方面的探索结果，来看我们今天对地壳的认识达到了什么程度。

―――――― 日积月累 ――――――

无稽之谈　胶结　概略　微不足道

―――――― 拓展训练 ――――――

在充分理解本节内容的基础上，请你以地壳为主题写下你的认知。

―――――― 延伸思考 ――――――

文中所谓的"建造作用"和"破坏作用"分别指的是什么？

地热

? 文前小问号

地热的来源是什么？我们可以利用地热来做什么？

有一种地球起源的概念，到现在还占着相当重要的统治地位。就是说地球原来是一团高温度的物质，逐渐冷却，在地球表面上结成了壳子，这就叫作地壳。这样形成的地壳，从表面到地球的深部，温度就必然越来越高。从钻探和开矿的经验看来，越到地下的深处，温度确实越来越高。但地温增加的情形各地不同，同在一地又随深浅而有不同。地温每增加1℃，往下进入的深度名叫地温增加率，在亚洲大致40米上下增加1℃（我国大庆20米、房山50米），在欧洲绝大多数地区是28～36米增加1℃，在北美绝大多数地区为40～50米增加1℃。这个地温增加率，并不是往下一直不变的。假如，我们

列数字

通过列数字的方式说明各地地温增加的情形都不相同。

假定每深 100 米地温增加 3℃，那么只要往下走 40 公里，地下温度就可到 1200℃。现今，世界上各处火山喷出的岩流，即使岩流的熔点因压力的增加而有所变化，温度大都在 1000℃ 以上，1200℃ 以下。据实验结果，玄武岩流在 40 公里的深度下，它的熔点不过增加 60℃。这个数字，看来对熔岩影响甚小，对上述的 1000℃ 以上，1200℃ 以下的估计没有什么影响。根据地热的情况，地壳的厚度大约 35 公里。

以上是从玄武岩的特点来推测地壳的厚度。现在从地球表面的热流和构成地壳各层岩石中所含放射性元素蜕变的发热量来探测一下地壳的厚度。地壳的上层，主要是由花岗岩类酸性岩石组成的；地壳的下层，主要是由玄武岩之类的基性岩石及超基性岩石组成的。

花岗岩之类酸性岩石，平均每 1000000 克每年由铀发出的热量为 2.3 卡，由钍发出的热量为 2.1 卡，由钾发出的热量为 0.5 卡，即平均每 1000000 立方厘米的花岗岩类岩石每年发出 13.7 卡的热量；玄武岩之类基性岩石以及其下的超基性岩石，平均每 1000000 立方厘米每年发出 3.8 卡的热量，其中超基性岩所发出的热量，占极小的比重。

地球表面的热流平均值为每秒每 1 平方厘米为 1.25×10^{-6} 卡（即每年每 1 平方厘米 40 卡），除了特殊的地热异常地区或地带以外，这个数值，最小的不小于 0.8×10^{-6} 卡，最大的不大于 2.24×10^{-6} 卡。用平均热流的数值乘地球全部面积，即得每秒热流总量为 $1.25 \times 510 \times 10^{10} \approx 64 \times 10^{12}$ 卡（= 每年 20×10^{19} 卡），其

作假设

用假设的想法表示出将来会出现的情况。

点评

多个角度来推测地壳的厚度，这样可以保证得出的结论更客观、全面。

名词解释

卡：卡路里（calorie）的简称，缩写为 cal，由英文音译而来。其定义为在 1 个大气压下，将 1 克水提升 1 摄氏度所需要的热量。卡路里是一种热量单位，被广泛使用在营养计量和健身手册上，国际标准的能量单位是焦耳（joule）。

中大陆方面占每秒 22×10^{12} 卡，即每年 7×10^{19} 卡。假定大陆壳上层的厚度为18公里，地壳下层厚度也是18公里，按上述地壳上下两层发生的热量计算，大陆壳发生的热量为每年 5.4×10^{19} 卡，差不多可以抵消它失去的热量的80%；可是大洋方面的情况就大不相同，如果假定大洋底上面平均有1公里厚的花岗岩类岩石，其下有5公里厚的玄武岩（实际上在广大的太平洋底只有玄武岩），有人计算过，构成大洋底地壳的岩石发生的热量，抵消大洋底失去的热量不到11%。

以上假定的大陆壳的厚度和海底地壳的厚度，当然是指平均的厚度，上述数据虽然不完全可靠，但也不是毫无根据，从地震观测所获得的大量事实（详后），与上述假定，大体上是相符合的。这样推测出来的大陆壳的厚度，与考虑玄武岩流所得出的厚度，也相差不大。

地球上自有生物以来，地面的平均温度，虽然有时发生较大的变化，如大冰期来临的时代，但至少最后三次大冰期并没有使比较高级的生物群灭亡，相反，有些新种族，特别发育。这说明尽管地面平均温度下降了，但下降的幅度，不会太大。否则高级生物，很难继续生存下去，更说不上有所发展。

按前述构成地壳上下两层岩石含放射性元素的特点和它们的厚度来估计，地壳中岩石的发热量，是不够抵消地球失掉的热量的。那么，只有使用地球固有的热量来补偿不够消耗的数额。或者在地球内部不断发生发热的变化，来补偿消耗，才能保持地球表面的温度，不致不断下降，换句话说，在地热潜在储量的问题上，要地球"吃老本"，才能保持它表面温度。这样一来，就会导致到一定的时候，地球会开始趋于衰老的结论。归根到底，地壳就有不断加厚的趋势。

地球表面的热流量 = 地温梯度 × 岩石传热率。

地温向下如何增加，决定于近地面的地温梯度和岩石的传热率，而近地面的地温梯度与地表温度有密切的联系，岩石的传热率基本上是不会变的，所以，如若地球表面温度没有显著的变化，地球表面的热流量也不会有显著的变化。然而事实上，地球表面的平均温度有变化，虽然变化不大，一般认为这种变化，主要是由太阳的辐射热决定的。

根据上述情况，我们可以说地球是一个庞大的热库，有源源不绝的热流。

地热与地温是有密切关系的。地下的等温面一般不是平面，而是随地区和地带起伏不同，同时等温面之间的间隔也是各处不等。在等温面隆起的地方，间隔较小的地方，可以说是热异常区。这种热异常区的存在，是比较普遍的，但是直到现在还没有开展普遍的调查。在这种热异常区，取出地下储藏的热能是比较容易的。事实上，我们在钻井中已经遇到大量的热水向外涌出，热水的温度从四五十摄氏度到一百多摄氏度不等，这样，从地下取出热水并不限于热异常区，在其他必要的地区，也可以同样进行勘测和开发。从地下冒出的热水，往往还含有有用的物质，如若能够有计划地加以调查研究，在适当地点加以开发和综合利用，对祖国的社会主义建设，肯定有很大的好处。同时，在这一方面的工作，我们将会站在世界的最前列。

我的笔记

日积月累

熔点　蜕变　抵消　幅度

庞大　源源不绝　隆起　储藏

拓展训练

给下面两个词找出同义词：

庞大　（　　　）

源源不绝　（　　　　　）

延伸思考

本文结束句为"在这一方面的工作，我们将会站在世界的最前列"。请思考一下，作者的信心来源是什么呢？

地震与震波

? 文前小问号

你了解地震吗？地震会给人们带来哪些灾害？

地震的震中，绝大部分深度不大，但也有少数地震是从地球深部发动的。

每一次地震都发出三种不同的震波：第一种是纵波，又叫疏密波，它传播的方向和受震动的物质摆动的方向是一致的，好像音波一样；第二种是横波，又名扭动波，物质受这种波动而发生的摆动，并不与波动传播的方向一致，好像拿一条绳子让它摆动时，绳子各点摆动的方向和波动前进的方向是不一致的；第三种是表面波，这种波又分为两种，在此无须详述，它们仅仅在地面传播，当地震发生时，这种表面波破坏力较大。这三种波动传播的速率都不等，纵波最快，横波较慢，跟着来的就是表面波。所以，在离震中稍远的地方，它们到达的时间

分类别

把震波分为三类分别进行解释，将复杂的知识条理清楚地呈现给大家。

类比

用绳子的摆动来比喻横波作用下地面物质发生摆动的情形。

不同，因此从纵波和横波到达的时差，可以计算接收这两种波动的地点到震中的距离。

弹性物质传这两种波的速度，是与它们物质的密度（比重）和某些弹性系数各有一定的关系。它们都是与传播物质的密度（比重）的平方根成反比例。因此，从震波传播的速度，可以推测传播它的物质的密度。

以上这些事实，经过无数次实践的经验完全得到证实，从理论上也可以得到证明。

另外，根据实践的经验，我们知道，固体既可以专播纵波，又能传播横波，而流体只能传播纵波，不能传播横波。

地震波传播的速度，在地球上各处看来稍有不同。从事地震工作的人们所提出的数据，也不完全一致，同一个人，不同时间提出的数据也不完全一致。不过，总的说来，只是大同小异。

另外有人认为：最上一层 10～15 公里，纵波传播速度大约每秒 5.6 公里，横波传播速度约每秒 3.2 公里，其下有不甚显著的不连续面，这个不连续面下的一层的厚度与上层大致相等，其传播速度是每秒 6.2 公里。

深度 45 公里左右，传播速度突然增加，不连续情况，极为显著。

从上列数据，可以看出：

（1）地震波在地球中传播的速度，一般越到深处越大。

（2）速度不是均匀增加的，而是达到某些深度时突然增大，达到核心表面又显著地减少。在那些深度，构成地球物质的性质显然有所变化，一般越深越重。

（3）这种突然变化及不连续的现象，标志着地球内部，可以划分为若干个同心的球形圈，其中，最上一圈的厚度，一般认为 33 ~ 45 公里，但有的地方较厚，如西藏高原达到 60 公里以上，而另外有些地方，厚度较薄，最薄的地方不到 30 公里，个别地区更薄。这个最上的一圈，就是地壳。

（4）所有不连续面中，有两个不连续面特别值得注意。一个不连续面，有时称为莫霍面。另一个是深度在 2898 公里的不连续面，有时称为古天伯不连续面。这个不连续面以上，直到地壳的底部之间的球形圈，统称为地幔。地幔以下的部分，统称为地球核心。

（5）到现在为止，还没有得到横波穿过地球核心的可靠记录。

（6）在 2898 公里的不连续面以下，地球核心各圈的密度虽然增加很快，但传播纵波的速度，反而比在地幔下部传播的速度显著地降低。

如若把地震波传播的速度，和前述酸性岩和基性岩即硅铝层和硅镁层的分布情况结合起来考虑，似乎硅铝层和硅镁层或硅镁层的上部，都应属于地壳的组成部分。这样，就可以说，地壳的厚度，除了某些大洋或大洋中某些区域以及大陆上某些区域以外，大致可以认为，平均厚度不出 30 到 40 公里的范围。这个数字，同地热方面推测的数字大致符合。

名词解释

地幔（dì màn）：介于莫霍面和古登堡面（即文中所说古天伯不连续面）之间，体积约占地球体积的 82.26%，地幔的质量约占地球总质量的 67.0%，在很大程度上影响了地球物质的总组成。

推理

此处作者展开了大胆的推理。推理是逻辑学指思维的基本形式之一，是由一个或几个已知的判断（前提）推出新判断（结论）的过程，有直接推理、间接推理等。

我的笔记

日积月累

震中　纵波　横波　表面波

大同小异　不甚显著　地幔

拓展训练

根据本文最后一段的推理模式，请找出一段，自己进行推理训练。

延伸思考

阅读完这篇文章，你觉得哪种地震波的破坏性最大？

浅说地震

?文前小问号

地震的原理复杂吗？它是可以被预测的吗？

地震能不能预报？有人认为，地震是不能预报的，如果这样，我们做工作就没有意义了。这个看法是错误的。地震是可以预报的。因为，地震不是发生在天空或某一个星球上，而是发生在我们这个地球上。绝大多数发生在地壳里。一年全球发生地震 500 万次左右，其中 95% 是浅震，一般在地下 5 ～ 20 公里。虽然每隔几秒钟就有一次地震或同时有几次，但从历史的记录看，破坏性大以致毁灭性的地震，并不是在地球上平均分布，而是在地壳中某些地带集中分布。震源位置，绝大多数在某些地质构造带上，特别是在断裂带上。这些都是可以直接见到或感到的现象，也是大家所熟悉的事实。

可见，地震是与地质构造有密切关系的。地震，就

点评

这个问题，直到今天，人们依然在不停地探索。

点评

作者的回答自信又鲜明，令人振奋，充满希望。

名词解释

震源：地震时地下最初发出震动的地方。大多数位于地下数千米到数十千米，深者可达 700 千米。

是现今地壳运动的一种表现；也就是现代构造变动急剧地带所发生的破坏活动。这一点，历史资料可以证明，现今的地震活动也是这样。

地震与任何事物一样，它的发生不是偶然的，而是有一个过程的。近年来，特别是从邢台地震工作的实践经验看，不管地震发生的根本原因是什么，不管哪一种或哪几种物理现象，对某一次地震的发生，起了主导作用，它总是要把它的能量转化为机械能，才能够发动震动。关键之点，在于地震之所以发生，可以肯定是由于地下岩层在一定部位突然破裂，岩层之所以破裂又必然有一股力量（机械的力量）在那里不断加强，直到超过了岩石在那里的对抗强度，而那股力量的加强，又必然有个积累的过程，问题就在这里。逐渐强化的那股地应力，可以按上述情况积累起来，通过破裂引起地震；也可以由于当地岩层结构软弱或者沿着已经存在的断裂，产生相应的蠕动；或者由于当地地块产生大面积、小幅度的升降或平移。在后两种情况下，积累的能量，可能逐渐释放了，那就不一定有有感地震发生。因此，可以说在地震发生以前，在有关的地应力场中必然有个加强的过程，但应力加强，不一定都是发生地震的前兆，这主要是由当地地质条件来决定的。

不管那一股力量是怎样引起的，它总离不开这个过程。这个过程的长短，我们现在还不知道，还有待在实践中探索，但我们可以说，这个变化是在破裂以前，而不是在它以后。因此，如果能抓住地震发生前的这个变化过程，是可以预报地震的。

点评

此处从能量的角度剖析了地震现象生发的本质。

点评

顺藤摸瓜，一层层剖析地震发生的根源。

名词解释

地应力：存在于地壳中的应力。即由于岩石形变而引起的介质内部单位面积上的作用力。

字词释义

蠕动（rú dòng）：泛指像虫类爬行一样地动。

可见，地震是由于地壳运动这个内因产生的。当然，也有外因，但不是起决定性作用的。所以，主要还是研究地球内部，具体一点说，就是研究地壳的运动。在我看来，推举这种运动的力量，在岩石具有弹性的范围内，它是会在一定的过程中逐步加强，以至于在构造比较脆弱处发生破坏，引起震动。这就是地震发生的原因和过程。解决地震预报的主要矛盾，看来就在这里。

这样，抓住地壳构造活动的地带，用不同的方法去测定这种力量集中、强化乃至释放的过程，并进一步从不同的途径去探索掀起这股力量的各种原因，看来，是我们当前探索地震预报的主要任务。

地应力存不存在？我们一次又一次，在不同地点，通过解除地应力的办法，变革了地应力对岩石的作用的现实状况，不独直接地认识了地应力的存在和变化，而且证实了主应力，即最大主应力，以及它作用的方向，处处是水平的或接近水平的。从试验结果看，地应力是客观存在的，这一点不用怀疑。瑞典人哈斯特，他在一个砷矿的矿柱上做过试验，在某一特定点上的应力值，原来以为是垂直方向的应力大，后来证实水平方向应力比垂直方向的应力大500多倍，甚至有的大到1000倍。

构造地震之所以发生，主要是在于地壳构造运动。这种运动在岩层中所引起的地应力与岩层之间的矛盾，它们既对立又统一。地震就是这一矛盾激化所引起的结果。因此，研究力的变化、加强到突变的过程是解决地震预报的关键。抓不住地应力变化的过程，就很难预言地震是否发生。

点评

总结性陈述，明确告诉读者地震发生的原因和解决地震预报的关键。仿佛给了我们一把解决地震预测难题的钥匙。

点评

明确了地震预报的主要任务，非常艰巨。

我的笔记

_____

_____

_____

_____

_____

_____

日积月累

浅震　震源　断裂带　地应力　蠕动

拓展训练

瑞典人哈斯特所做的试验叫岩体应力测试。请深入了解一下瑞典人哈斯特和他的试验内容。

延伸思考

地震发生的内因和外因分别是什么？哪个因素所占的比重大？

燃料的问题

❓文前小问号

人类最早的燃料是什么？来源于哪里？

自从人类知道用火以后，维持日常生活，最重要的物质，除了食料，恐怕要算燃料，至文化幼稚的时代，所谓燃料者，只是树木草卉；燃料的用途，大部分也不过烧一烧食物。到了物质文明发达的今日，无论燃料的种类或用途，花样可多了。试想我们日常穿的、用的东西，有多少不是直接或间接靠火力造成的？试想这世界上有多少地方，假使冬天不生火，还是可以居住的？从香水胰子说到飞机大炮，我们能举出多少件东西与燃料绝对没有关系？是的，什么叫作物质文明，简直就是燃料里烧出来的。

这一件日常生活的必需物，这一种物质文明的老祖宗，久已成了世界上攘夺的目标，国际政策影射的焦点。

✍ 字词释义

树木草卉（huì）：指的是树木、草和花卉。

✍ 夸张

把物质文明夸张为燃料烧出来的结果。夸大了燃料对于物质文明发展的重要性。

✍ 字词释义

攘夺（rǎng duó）：掠夺；夺取。

点评

从不同的角度，对燃料进行分类。

字词释义

狭隘（xiá ài）：指不宽阔，更多的引申为心胸、气量、见识等不宏大宽广或非常局限。

点评

用民间的俗语"柴米油盐酱醋茶"来表达燃料对于老百姓生活的重要性。

法国人一定要抓住路尔可以说完全是为这样东西的缘故。日本人拼命掠夺我们的东北三省和内蒙古东北部，并且还要垂涎山东、山西，一部分的缘故，也在这里。燃料的问题，既是如此地重大，我们当此准备建设的时期，当应有充分的考虑。

燃料的种类很多。现今通用的，就形式上说，有固质、液质、气质三项的区别；就实质上说，不过木材、煤炭、煤油三大宗。其余火酒、草、粪（中国北方就有地方烧粪）等类，比较起来，究竟分量很少，用途也极狭隘。实际上算不算燃料，都没有多大的关系。

现今中国的工业，说好一点，不过刚刚萌芽。所需要的燃料，大部分是供家常的消耗。所谓家常的消耗，大部分就是烧菜、煮饭、点灯而已。这一类的消耗，看起来是很小的事。然而那无数量的穷民，为了这一类的事，已经劳苦万状，有时候竟求之不得。乡下人向来把他们需要的东西，按紧急的程度，分了一个次序，叫作柴米油盐酱醋茶，他们偏偏要把柴搁在头一位。这是不是说柴有时候比米还重要呢！除了大荒年的时候，有钱总买得着米，然而在特别的地方，有钱竟买不着柴。米荒有人注意，柴荒从来没有人过问。这种奇怪的习惯，犹之乎有了厨房，不管茅厕一样的！

刚才说在特别的地方有钱买不着柴。其实我们要到乡下去看一看，就知道那样的事情，并不是很特别的。现在全国的矿业还是如此地幼稚，交通又是如此地不便。乡下人所用的柴，恐怕99%还不止都是柴草。一生居在都市的人们，也许不明白个中的实情，像我们乡下的穷人，才知道什么叫作"一粒的艰难，一草的辛苦"。费了九牛二虎之力，弄出两斗黄米，几升黑面，要是没法烧熟，教我们怎样好吃得下去。

然则要救济柴荒，有什么办法？一言以蔽之曰造森林。请看中国的土地如此之大，荒山荒野如此之多。除了那自生自灭的野草以外，还有什么东西长在山上？这岂不是证明中国人连栽几棵树的能力也没有吗？不错，这几年来，大家都有点觉悟，每逢清明的前后，全国的公共机关，美其名曰植树节，闹得不亦乐乎。究竟植树的成绩在哪里？像这样闹了 20 年的植树节，恐怕不会有两棵树长成的。

森林的培植，当然不仅仅为了供给燃料，要制造木材原料，要护山陵的崩泻，防止河流的淤塞，造成幽美的风景，都非借森林的力量不可。在北方广漠的地方，如果能造成巨大的森林，竟能多少影响雨量，也是说不定的事。

森林的利益，谁也知道，用不着多说闲话。现在的问题是用什么方法，大规模地造林。更紧要的问题是：种了树以后，如何地培植，如何地保护。这自然是政府的责任？否，是政府应该请专家负担的责任。奖励造林、保护森林的法令，固然不可少；怎样地造林、造什么林，等等技术方面的问题，也得及早研究，力大吹不响喇叭、石灰炕里养不活水仙花，不知道土壤的性质，不知道植物的特性，不管害虫的繁殖，不管植物生长的程序，瞎干，蛮干，十年八十年，也不会得着什么结果。

因为说起家用的燃料，我们就便说到森林。其实今

引用

引用民间流行的俗话来表达自己的见解。

反问句

反问句就是用疑问的句式，表达肯定的观点。反问的形式比一般的陈述句语气更加强烈，更能引起人们的深思与反思。

点评

这些民间俗语让文章读来特别有温度，特别亲民，让读者没有距离感。

字词释义

简而易举：轻而易举的同义词，形容事情容易做，不费力，省事。

名词解释

民生主义：为孙中山所倡导的三民主义（民族主义、民权主义、民生主义）之一。民生主义的主要内容是发展经济，使中国由贫弱至富强；同时还包含着关怀劳动人民的生活福利。

双引号的作用

这里双引号的作用为表示否定和讽刺，即对所表述的内容加以否定和讽刺。也就是说，中国并不是真的地大物博，我们的矿产资源是有限的。

天最重要的燃料，还是煤炭和煤油。

现今这个时代，还是煤铁时代。制造物质文明的原动力，最大部分就是出在煤身上。那么，要想看中国工业将来的发展，第一步恐怕就得考虑中国究竟有多少煤存在地下。煤不是能生长的东西。用了就完了，如果我们想保护将来的工业，绝不可把我们大好的煤田，随便糟蹋了。开煤矿是比较简而易举的工业，只要运输上有了办法，不愁它没有市场；所以假使我们要想从工业方面，实施中山先生的民生主义，头一件事，恐怕就免不掉建设铁路，开发几个大的煤田。英国的工业发达史上，已经给我们一个很好的例证。

因为中国的矿业，还没有发达；又因为中国的矿产，还没有详细地调查，（近年来，虽然北京地质调查所有了相当调查的结果，大部分的人还不曾知道）一班人还在那里做梦，以为中国"地大物博"，矿产是取之不尽，用之不竭的。实际地讲起来，中国的金属矿产，除了特种的矿物（如锑、钨等类）外，并不能算丰富，比较美国，那是差多了。唯有煤矿，无论就质的方面说，或就量的方面说，总算不错。就质的方面说：中国的无烟煤，差不多要占中国总煤量的四分之一，烟煤要占四分之三。就量的方面说：我们现在虽然不能说出一个很精确的数目，然而也曾有人估计一个大概。据1921年北京地质调查所的报告，各省地下储煤的总量，以一兆吨为单位，大致如下：

燃料的问题

直隶①	二三七〇
奉天②	九八五
热河③	九三〇
察哈尔④ 绥远⑤	四六〇
山西	五八三〇
河南	一七六五
山东	六八五
安徽	二〇五
江苏	一九〇
江西	八一五
浙江	一二
湖北	一三
湖南	一六〇〇
四川	一五〇〇
陕西	一〇〇〇
甘肃	一〇〇〇
黑龙江	一六〇
吉林	一六〇
云南	一二〇〇
贵州	一三〇〇
福建	一五〇

✎ **列图标**

通过列图标的方式，使得中国各省的煤炭资源分布非常清晰地出现在读者面前。

✎ **点评**

通过该表，我们一下子就能获知山西省的煤炭资源最丰富，而浙江、湖北等地则煤炭资源贫乏。

---

① 今河北等地。——编者注
② 今辽宁等地。——编者注
③ 今河北东北部、辽宁西部及内蒙古赤峰。——编者注
④ 今河北西北部及内蒙古部分地区。——编者注
⑤ 今内蒙古部分地区。——编者注

广西	五〇〇
广东	三〇〇
总计	二三一三〇

以上的估计，未免失之太谨。要是宽一点计算，也许总数可以增一倍，那就是说中国储煤的总量，打宽一点，大概有 4.5 万兆吨。平常看起来，这个数目，可算得不小。在工业还没有萌芽的今日的中国，每年消费的煤量不过 20 兆吨左右，这些煤，已经够我们用几千年，可是要和美国的总储煤量比较，全中国的储煤量，不过抵当它的四分之一！这是许多人做梦都想不到的事，我们的工业发达起来的时候，煤的消费量自然也要增加。再过两三代人，中国最大的矿产——煤——难免不发生问题。然而发生问题不发生问题，是将来的事。现在的问题，是如何爱惜它，如何利用它。

在前表中，我们有几件事，应该注意：第一是北方的煤量，比南方差不多多一倍。山西一省的煤量，差不多要占北方各省的总量的三分之一。山西煤最好的出路是青岛，那么，很明白了，为什么日本人要和军阀勾结侵略山东，觊觎山西。

在采煤的当地，比如山西的大同、阳泉，河南的六河沟，一吨煤不过值两三元。但在上海、汉口等处，一吨煤有时涨到二三十元，平常也要十几元。这完全是运输不便的缘故，采煤事业，既然是比较地简而易举，靠得住有利的实业，将来铁路的布置，就应该以开发几个主要的煤田，为计划中的一件重要的根据。

燃料的问题

煤的用途很多，里面的副产物都很贵重。假定以前所说的话是对的，假定在我们发展工业计划中，采煤是尽先举办的事业，当此准备建设的时期，我们对于全国的煤，就应该有一番彻底的调查和研究。如果来得及，设立一个专门研究煤的机关，纯粹从科学方面着手，也未始不可。那样一来，全国各大学各专门学校一部分的毕业生，还愁没有事干吗？何必要请学化学的去做此事呢？

以上是关于煤一方面的话。摩托发明之后，世界上燃料的需要发生了新花样，摩托需用液质的燃料。航空的事业的骤然发展和海军设备更新以后，摩托的总马力数也骤然增加。如是弱小民族所有的油田，又成了国际政治上一个重要的争点。英国人死命地想抓住波斯的巴库，向来不关轻重的加利西亚，现在大家都往那里鼓眼挥拳，就是为了这个玩意。

中国的油田，到现在还没有好好地研究。我们只听说陕西的延长和四川的自流井一带，有若干油田或盐油井。但是出量颇不见佳。虽然 1914 年的时候，美孚油行在陕北的延长、肤施（1936 年改名延安县）、中部（今黄陵县）三县钻了七口 3000 尺以下的深井，然而结果并不甚好，他们花了 300 万元，干脆地走开了。但是美孚的失败，并不能证明中国没有油田可办。就道路的传说，从新疆北部的乌苏、绥来（1953 年更名玛纳斯）、迪化（乌鲁木齐的旧称）、塔城一直到甘肃的玉门、敦煌镇原等处都有出油的模样。

中国西北方出的油希望虽然最大，然而还有许多地

点评

对于中国的工业发展和煤炭发展事业，作者非常有战略眼光，非常有前瞻性。真是一位极具智慧的科学家。

点评

说明抢夺资源是发动战争的根本目的之一。

点评

说明当时我国国民经济发展非常落后，经济状况很差。

字词释义

蒸馏(zhēng liú)：一种热力学的分离工艺，利用混合液体或液固体系中各组分沸点不同，使低沸点组分蒸发，再冷凝以分离整个组分的单元操作过程。

点评

"总而言之"是得出总结性结论时常用的标志词，在平时的写作过程中要注意使用。

方并非没有希望。热河（今河北东北部、辽宁西部及内蒙古赤峰）据说也有油苗；四川的大平原也值得好好地研究；和"四川赤盆"地质上类似的地域也不少，都值得一番考察。不过油田的研究，到一定的步骤，非花一宗大资去钻探不可，在一贫如洗的中国，现在要像美孚那样，花掉 300 万不算一回事，恐怕没有一家私人的营业敢说那一句话。那么，这种的事业，只好用国家的力量去干。

有一种石头，名叫含油页岩。这种石头，经过破坏蒸馏以后，也可取出多少油质。现今世界上因为煤油的需要很大，而攒油的供给有限，有若干地方已经开采这种含油页（岩），拉它来蒸馏。日本人在抚顺现在就是用他们海军省的力量去干这件事。中国其他的地方，是不是出产此种岩石，这是要请教中国地质学家的。

总而言之，燃料的问题，无论在日常生计上，或大规模的工业上，是再紧要不过的问题。我们不说建设就罢了，要讲到建设，对于这一个劈头的问题，马上就得想法子解决。到了世界上的煤和煤油用尽了的时候，科学家也许会利用原子以内的能力，也许会直接利用太阳的热能，也许有其他的方法代替燃料。不过在现在这个时期，在今日的中国，说那一类的话，还早着呢。

日积月累

树木草卉　攘夺　缘蔽　狭隘

劳苦万状　九牛二虎之力　美其名曰

淤塞　固然　简而易举　一贫如洗　蒸馏

拓展训练

请改写本文最后一个自然段。

延伸思考

根据作者对煤炭资源的担心，结合现在的能源事实，请思考一下，我国当前在煤炭的使用方面发生了哪些危机或问题？

现代繁华与炭

？文前小问号

　　我们现在高度发达的物质文明和精神文明生活与煤炭有什么样的关系？

一　欧美"文化"的曲子

　　诸位同学，前天有几个朋友邀我到这里来讲演。我一想，这倒是极有趣味，但是极不容易的一件事。我有什么把握，可以在诸位面前大言不惭地讲经说法？今天时候不多，本不容说闲话，但是我们看世界上有许多人把世界上的事往往平常看过。甚至讲到学术，大家也就不知不觉守一种人云亦云的态度。人类进步甚慢的大原因，恐怕就在这里，我们倘若想脱离这种积习，这种束缚，不可不先存一种气概。诸位苦心志，劳筋骨，到欧洲来求学，自然是抱着一种气概，令人佩服。但是我所说的

字词释义

　　大言不惭（dà yán bù cán）：指说大话而不觉得难为情。

字词释义

　　人云亦云（rén yún yì yún）：指没有主见，只会随声附和。

气概，与这个意义有点不同。我的用意，是要我们互相勉励，互相警戒，凡遇着新境象，新学说，切不可为它所支配，为它所奴隶。我们还要分析它，看它究竟是怎么一回事。既到学术场中，心只管细，胆只管大，拿着主脑（思想的法则——Logique）就是那冲烦错乱的世界，天经地义的学说，都不能吓倒我们。从前在中国有人问孔，就斥为异端。现在讲学，没有这回事情。诸位尽可放心。虽然，我们万不可故意与人家辩驳与人家捣乱；或者逞一己的偏见，固执自豪；或者好作奇谈，钓名沽誉。那种狂谬的行为，非独不是勇猛精进的正道，而实在是一种精神病；已远出自由讲学的正轨，真正讲学的精神，大概用一句话可以包括，那就是为真理奋斗。

我方才含糊地说了新境象三个字。什么叫作新境象？从实地看来，我们现在所处的境遇，可算得是一个新境象。这境象与我们朝夕不离。所以我们切不可为它所蒙昧；我们应该冷眼观察它，并且详细地分析它。我曾听得许多人讲，我们中国人初到欧洲的时期，大概不免为这边的"物质文明"所牵动。中国人大半说中国所缺的也就是这个"物质文明"。然则什么叫作文明？什么东西为造成这种"物质文明"最紧要的原料？今天我原来是想同诸位讨论第二个问题，但是第二个问题牵涉第一个，所以对于第一个问题也不能不约略地讲几句。

诸位都知道"物质文明"这四个字，在中国是一个新名词。讲点新学的人没有几个不把它当作一个口头禅用。至若说到这个名词所包括的东西，我想没有两个人意见完全相同。倘若一定要追求它的意义，大家不过糊糊涂涂地说那轮船，火车，飞机，大炮之类，就是"物质文明"的器具。这些器具动起来了的时候，就成了一种"物质文明"的表现。我想一般欧美人对于"物质文明"的观念也不过如是。或者有人要那人类社会的许多机关也加在"物质文明"里去。是否得当，我都不敢说。这样看来，"物质文明"这个名词，并没有一个一定不易的定义。

再进一层着想，物质两个字，是对精神两个字说的。既说有物质文明，当然可说有精神文明。然则精神文明与物质文明的区别若何？有人说一切性情及意识的活动，都属于精神界，故感情及思想上的产物，如乐谱著述之类，皆为精神文明的表现。试问这样情意的活动，能否超脱物质？又试问种种物质的东西及其活动，能否脱离无影无形的自然法则及生物的意识？我现在任怎样想，想不出一种绝对的是精神上的东西，并想不出一种绝对的是物质的东西。物理学家都认为宇宙之间，无处不有一种弹性完全的东西，名叫以太（Aether）。某物理学家讲可见的物质，是以太中发生的不可见的事故。不可见的以太，倒是实在的一种东西。这是纯粹物理学上的问题。我们今天就是想讨论，也绝讨论不了的。现在姑勿论物质究竟为何。精神物质两元的设想（Dualisme），总有许多地方想不通的。我们既不能决定精神的东西与物质的东西是否不即不离，又不敢遽然说它们是一种东西的两个面子，所以无由区别精神的文明与物质的文明。

说到文明，诸位还要许我讲几句闲话。我们初到巴黎来看这里的房子如此之大而且华丽，街道如此之宽而且清洁。天上飞的，地下跑的，瞬息千变。我们就吃了一惊。到了休息的日期，那大街上人山人海，衣冠文物，一齐都摆出来了，我们又吃了一惊，不独惊讶，而且心里不知不觉生一种钦慕之感，以为欧洲的文化实在比中国胜多了。过了几天，也觉得没有什么了不得的。以为欧洲的文明，不过如是如是。这两种感想，都有一点道理。但都是极粗浅浮泛的。仔细一想，就知道他们的文化的根源，另在一个地方。在什么地方？在他们的脑袋子里。他们尊重论理（Logique）严守秩序、勇于对人对物的组织等等情形，比中国是有点不同。如此说来，与其称现代欧美的文化为物质文明，不若称之为广义机械的文明。至若由这种抽象的机械所生的种种现象，如各样的建造以及各种熙熙攘攘的情形，最好是另用一个名词代表，我想无妨称它为繁华。

我原来想把今天讨论的题目叫作《物质文明与炭》，但是因为物质文明四个字的意义暧昧如前所述，所以不得已将题目改为《现代繁华与炭》。文明不文明，与我们今天没有关系。繁者对简而言，华者对实而言。由简趋繁，由实之华，仿佛是自然的趋势。枝节虽多，根本却是没有极大的变更。譬如有树，一入冬天，就枝叶零落，状如枯槁。但是春夏再至，茂盛蓬勃，又如去年。是可见树木繁华的状态，是一种生生不已的势力的表现。每遇有适宜的机会，如气候温和、肥料充足等等条件，它就发泄出来了，条件不对，它又收藏如故。

然则什么是最有利的条件助长现今人类的繁华？人类用种种方法以谋繁华，正如那草木常具生生不已的势

字词释义

人山人海：形容聚集的人极多。

点评

作者思考了西方繁华的根源在于观念，并且与中国进行对比，找到了差异。

字词释义

熙熙攘攘(xī xī rǎng rǎng)：形容人来人往，非常热闹。

字词释义

暧昧（ài mèi）：指立场和态度含糊，也指行为不光明，见不得人。

类比

以草木生长的道理类比人类用种种方法求生存谋发展。

力时时刻刻要求发展，这是人类自己的事，草木自己的事。如若外面的机缘不适，情形不对，任它们怎样想发展也是发不出来展不出来的。我方才说要同诸位讨论什么东西为造成"物质文明"最紧要的原料，倒不如说什么东西是现代繁华的最大的凭借？这个东西就是我们大家都知道的天然势力。天然势力的种类虽多，但是可以供人类役使的，至今我们只知有流行不已的热势力。人类所用的其余各样的天然势力，大概都是由热势力换来的。热势力为人类所做的事，实在不少。广而言之，如若没有热势力流行，地球上今天恐怕没有这种种生物，自然连人类也是没有的。但是与我们现在的问题相关的，并不是那广大无边的热势力，乃是集注于一地的热势力。在一定的地方集注的热势力愈大，它发展出来的时候，情形愈是激烈。所以人类活动的程度，造出的繁华，当然是与他所操纵的热势力集中的程度为比例的。我们现在可以举出几件事实，大家就知道我们现在的生活，与这种集中的热势力相关是如何密切的。

试问我们这一座房子是什么东西造成的？最紧要的材料就是砖瓦、木料、玻璃等项。砖瓦、玻璃都是用火烧成的。木料是直接由如火一般的太阳送来的光线养成的。然则没有如是的激烈热势力，我们这座房子就住不成了。诸位同我是如何到这里来的？坐轮船、坐火车、坐电车来的。轮船、火车、电车如何能动？因为有一架或几架中央的热机关。我这一件衣服的原料是如何做成的？是机器织成的。机器因为什么旋转？我想后面必有一架热机推它。所以我们如若不会用或不能用集中的天

反向假设

反向假设是假设材料中能达到某种结果的条件不存在，将会出现什么样的结果。假设条件下的结果与原条件下的结果构成正反对比，从而证明论点。此处假设热势力的不存在导致的结果，来证明热势力流行的重要性。

比喻

把太阳比喻成火。

然热势力，今天这回事恐怕不会发生。请诸位再到巴黎繁华场中看看，无论是事是物恐怕没有几个不是直接或间接由热力造出来的。然则这样激烈的热力是由什么地方来的？一极小部分由煤油发生的，大部分是由煤炭发生的。

现在我们就要问世界上的煤炭是不是有限的？是不是可以生长的？若是有限，若是不能生长，到了世界煤炭用完了那个时期，或者就是有也极不容易开采的那个时期，我们是不是可以发见一种势力的储蓄物或一种势力的渊源来代替煤炭？这些问题就是我们今天的问题。

至若煤油有限极了，由地质学上考究起来，我们确知世界上的煤油远不及煤炭的多。所以最要紧的问题还是在煤炭，不在煤油。现在内燃热机日盛一日。到了没有煤炭的日子，煤油一定早没有了。英国地质学家蓝孟则（A.C.Ramsay）早已警告英国人，他说如若英国每年消费煤炭的量将来不减，不过二三百年，英国三岛就没有炭可挖了。英国地下所藏的煤炭渐渐减少，工业渐渐困难的问题，耶方斯（W.S.Jevons）早已论过。岂独英国为然，哪一个所谓文明的国民不是用许多人拼命地挖炭，只有中国还有许多煤厂，不独没有用新法开采，并且没有一个详细的调查。所以我想今天借这个机会，把中国煤厂分布的情形，就我所知道的约略一述。

二 中国煤厂分布的情形

说到地下煤层分布的情形。我们已经侵入地质学

字词释义

莫衷一是：指各有各的意见、说法，不能得出一致的结论。

比喻

把地球的初始状态比喻为一团气汁。

双引号的作用

此处双引号的作用为表示直接引用别人说过的话。

的范围。诸位中大约有没有学过地质学的？所以现在最好是先把地壳构成的略情谈一谈。为什么不说地球而说地壳？因为关于地球结壳以前的历史，我们还没有确当不易的知识。康德（Kant）早已说到这个问题，但不完备。自法国有名的天文学家拉普拉斯（Laplace）以星云（Nebuleuse）之说解释太阳系的由来以来，种种关于地球的由来的学说，逐渐演出。论到枝枝节节，虽是众口纷纭，莫衷一是。而关于大概的情形，大家的意见似乎相同。地球的初期无所谓球，大约是一团气汁。历时既久，这气汁自然地渐渐冷缩。它的表面结成硬壳，高低不平。壳上的空气中所含的气渐凝为水。于是海陆划分。于是种种地质学上的现象发生。地质学上所讲的地球史，顶古也不过是从那时候起。

地质学上的现象这几个字还要费解。我们都知道那作文章的人常用"安如磐石""安如泰山"等等成句，意若曰那磐石泰山是千古不变的。这个观念，根本地错了。仔细考察起来，我们就知道有许多天然的力来毁坏它们，来推移它们。它们朝夕受冰霜凝解热度变更的影响，渐渐疏解，又受种种化学的作用，渐渐腐坏，加以风雨的摧残，河流的冲击，无一时不受剥削，无一时不历变迁，何安之有？那些已经破坏的岩石，或为块砾，或为砂泥，散在地面，久而久之，都被雨水河流洗到湖海里去，一层一层地停积起来。据种种考察，现今海底停积物的成分粗细，与其所停积的地方有关系。在海滨停积的东西，大概砂砾居多。离海滨愈远，砂砾愈少，泥质愈多。而在大洋底的停积物，往往为石灰质或硅质。这种石灰质或硅质，大都是海中的生物（Foraminifera，Radiolaria，Diatome，ec.）的遗骸造成的。这样看来，地表变迁的现象可分三项：曰剥蚀，曰转运，曰停积。陆地常遭剥蚀。潮流河流或风力专司转运。海底常主停积。这三项现象，自然是有连带的关系。

还有许多现象是由地里发生的。最显明的就是火山爆裂、地震、地裂等事。这些剧烈的现象，是人人都知道的。更有缓慢的现象不容易观察。比方，在海滨往往有古代人工所造的泊船码头，今日远出海面。又时有森林的遗迹，今日淹没于海湾。此类的事实，不一而足。这种事实何以发生？诸位想想。那自然是因为海面与陆地做一种相差的运动，或是不一致的运动。我们有许多另外的凭据证明这些变迁并不是因为海面的升降，然则必是因为陆地的起跌。所以我们知道这个地皮是动摇不定的，只因动得极慢，所以人都不知不觉。是的呵！就是我们现在的地方，自地球上有生物以来，不知道已经沧桑几变。

以上所说的各种现象，都落在地质学的范围里，都是经了许多的经验、许多的观察分别出来的。既非想象，又非学说，主使这些现象的力，现在就在运行。我们既知道这些现象的原原本本再来由已知求未知，就现在推过去。这当然是考究地球历史的一个正当方法。但是过去的现象已经过去。我们有什么路径去寻它？我们因为能通一国的文字，所以能读一国的历史书。由那历史书上的种种记录，就得以知道那一国的历史。这件事含着两个紧要的条件：（一）先要得一部历史书；（二）那历

✒ 点评

作者告诉我们，文字是我们了解历史的特别好的路径，所以我们更要好好读书识字、阅读总结。

暗喻

也叫隐喻，比喻的一种。将"是""就是"等作为比喻词语。这里是说"地壳就是书"。再比如"儿童是祖国的花朵"，也是暗喻。

点评

这就提示我们要有一颗善于观察自然万象的心，一双善于发现的眼睛，这对于捕捉有用信息搞好科研活动非常重要。

点评

这样的比喻，真的形象极了，非常易于读者接受和理解。在写作中，我们要借鉴这种修辞手法。

史书中一页一页的图画字要我们能懂的。现在我们已经有了一部大书，专写地球自结壳以来的历史。那书是什么？就是地壳。关于第一个条件，我们是已经满足了。但是说到第二个条件，就有种种的难题发生。地质学家关于地球的历史争来争去，说来说去，总离不了这些难题。想解决这些难题，我们不能不借用各种科学公共的根本法则。那就是相似的原因必发生相似的结果，时与地没有关系，假使我们把现今地面各处发生的地质或地文学上的现象搜集起来，联贯起来，我们就不难定夺某某原因发生某某结果。北方冰川经过的地方（因）常有带痕迹的岩石（果），河流经过的地方（因），常遗砂砾之类（果），火山爆发的地方（因），常有喷出的岩片岩灰或岩流等物（果），气候火热的地方（因），往往生特别的动物植物，如鳄鱼、椰子之类（果），过去地面及地壳里的种种变迁，也留下种种结果。变迁的情形现在虽不可见。而变迁的结果至少有一部分，幸而存在天然的博物馆中，记在天然的地质历史书中。如若前说的科学根本法则有效，我们应该可准现在因果相循之律，按过去地面及地壳里所生出的种种结果的次序，追求过去地质现象继续的情形，如陵谷的变迁、海陆的转移、气候寒暑的更迭等事，都在能研究的范围以内。过去地面及地壳里所生出的种种结果是什么？那就是各样各层的岩石。这些岩石一层一层地倒在我们的脚下，正如那历史书一页一页地摆在我们的面前。

岩石可概分为三种。一曰递积层亦曰水成岩。这种岩石，是由粉细或块粒的物质一层一层地结合而成的。依其结构成分，定出种种名目，如石灰质的名叫石灰岩，与今日大洋里的停积类似。泥质而能分成薄层的名叫页岩，由砂砾固结而成的名曰砂岩砾岩，这些与今日的浅海或浅水里的停积物相似。二曰凝结岩亦名火成岩。这种岩石，大半是由大小的晶片凑合而成的。与今日火山里喷出的岩流及冶炼炉中所出的渣子相类。大概是极热的岩汁因冷却凝结而成的。三曰变形岩，前两种岩石，有时一部分或全部变其原来的面目。如递积岩与火成岩相接的处所往往呈结晶之象。又如地球上有许多极古的岩石，其结构往往错杂不堪，时带条纹，仿佛是曾历大热或巨压。最有趣的就是那第一层岩石中，常有生物的遗痕遗像或化石。地质学家统称这样的东西曰化石（Fossile，Versteinerungen）。比方现在我们由巴黎这个地方挖下去，在近表面的地层中所发见的化石，有许多种族还生存于今日的海中。愈到下面的地层中，奇形怪状的生物遗像愈多。与现今世界上生存的生物相似的愈少。据这种生物群变更的情形及地层构造的情形，地质学家把地壳的历史分作若干段。中国的历史中有三皇五帝秦朝汉朝唐朝明朝等等时代的名目。地质历史中亦有许多时代的名目。这些名目之中有许多是全世界所公用的。现在我按着这些时代新古的次序，从上至下把它们的名目列举出来。

新生世
Kainozoique

⎡ 第四纪
⎢ Quaternaire
⎢ 第三纪
⎣ Tertiaire

字词释义

错杂不堪：同义词为错乱不堪、混乱不堪，形容没有秩序、十分不整齐的样子。也可以形容杂乱而无条理。

点评

有"仿佛"的句子不一定是比喻句。这句就不是比喻句，而是表示想象，把极古的岩石的状态想象成它受大热或巨压作用过。

列图表

用图表的形式把地质史的明目列举出来，把复杂的事物简单化，非常清晰。

中生世
Mesozoique
— 枯烈纪
Crètacé
侏罗纪
Jurassique
三叠纪
— Triasique

古生世
Paléozoique
— 二叠纪
Permien
葭蓬纪
Carboniferien ⎫ 一名多煤纪
地否纪
Devonien
塞鲁纪
Silurien
阿多纪
Ordovicien ⎫ 在中国名震旦纪
堪步纪   Sinien
— Cambrién

肇生世
Proterozoique
— 在中国名
五台—南口纪
混沌不分

字词释义

迄今（qì jīn），意思是到现在。

自肇生世以至今日，不知已经几万万年。自有地球以来，更不知经过了若干万万年。我们现在确实知道的有两件要紧的事。第一是以前所列举的时纪都是很长很古的。就生物的变迁一端着想，我们就知道这句话是不错的。在堪步纪以前的岩层中，世界各地除北美几处外，迄今未曾发现确实无疑的化石。到了堪步纪的时候。各种海洋生物"忽然"繁殖。到塞鲁纪的末叶，最初的有脊椎动物——鱼类始行出现。在二叠纪的时候，鸟类乃生。在中生世两栖类颇盛。在第三纪哺乳类散布全球。

那哺乳类中最进步的猴类头脑渐进化，到了第三纪的末叶第四纪的初期，真正的人类——属于 Hominidea 族才发生，在人类历史家看来，古石期（Palétolithque）已经古不堪言。而在地质学家看来，人类初出现的那个时期，是最新最近的，如昨天一般。

第二是每一纪有一段岩层为之代表。由理想判断，那些岩层，层位愈下的所属的时代当然愈古，然则何以高山之巅，如中国的泰山、秦岭、南山，往往露极古的岩石？谈到这个问题我们不能不考究地层的构造。诸位在山边海岸，想曾见过露出的地层。那些地层，多半不是皱了折了，就是断了裂了。平平整整如一本书一页一页排列下去的是很少的：因为这样的情形，所以在实地察勘地质有许多难处。

现在我们把以前所说的话再来通盘一想。既说是一处的地层，可分作几段；各段中所含的生物的遗像及各段岩层的性质，往往绝不相伦。然则这样的变迁是如何使然的？从前有一派学者说，这是因为过去的时代地面经了几次剧变（Cataelysmisme），如洪水滔天之类，把当时的生物都扑灭了。好像中国每朝的末造，必定发生许多流贼杀人放火。自英国查尔奈尔（C.Lyell）唱匀和（Uniformitarisme）之说以来，大多数的地质学者认为剧变之说欠妥，匀和之说较为得当。匀和之说：曰过去各时代的地质变迁，大都是渐渐的，并不是猝然的。过去地壳上变更的情形与现今我们所目睹的情形，无论就种类而论，或程度而论，大概没有许多不同的地方，这样的说法，有很多事实为之证明。但是也有一个限制的。

比方肇生世的时候与现今比较，到底异同若何，实在是一个悬案。在肇生世以前更不待言。

地质学上的种种根本问题既已约略地点缀，现在可以上题说煤炭了。由岩石学上看来，煤炭是一种递积岩；因为它一层一层地夹在砂岩页岩或石灰岩之中，就其构造而论，与其余的递积岩并没有大分别。其造成的原料是由古代植物来的。地球上各处的气候时时变更。各种植物每逢宜其生长的机会，它们就生长。气候愈适（如热湿等情）生长愈盛且愈速。那些植物之中，自然有一部分还未到完全腐烂分解时，被河流洗到湖沼海湾，埋没于泥砂之中。久而久之，全体炭化，成了我们今天所用的煤炭。有许多人以为煤炭在地下愈久，其质愈变纯净，这个观念是不对的。因为煤炭的成分大约是依原来的植物的种类为转移。比方烟煤永世不会变成无烟煤。照这样看来我们敢断言两件事：第一是地下的煤炭绝不能生长，也绝不会变更；第二是煤炭的生成须特别的气候，特别的情形，并须极长的时期。即令现在有生煤的机会，生煤的地方；待煤成了的日子，不知人类已经变成了一种什么怪物。

在中国共有五个地质时代造了煤炭。最古的为"地否纪"。属于这个时代的煤层很少。据莫诺说他曾在贵州西南方的兴义县（今贵州兴义市）Lan-moutehang 附近见过。据我看来莫诺所获的化石，还不足以确定时代。所以他所说的地否纪煤层究竟是不是属地否纪还待考究。其次为多煤纪。这一纪前后所造的煤比其余各纪都多。世界各处的煤层也以这一纪所造的为最多，中国北方的

118

煤炭除辽河流域的附近、山西大同、直隶斋堂（今属北京）等地外大都属于此纪。扬子江中游下游各省以及浙江福建广东各处所出的煤，一大部分是属于此纪的。再次为三叠纪，川东云贵所出的煤多属于此纪，再次为侏罗纪。属于此纪的煤层见于大同、斋堂、四川及扬子江中下游数处。最后的造煤时代为第三纪。第三纪的煤炭仅见于东北三省内蒙古东北部及云南蒙自等处，那有名的抚顺煤矿，就是最好的一个代表。

中国各省的煤矿，迄今还没有完全地调查。我们现在所知道的大都是由外国的矿业杂志或外国人在中国的地质调查记里得来的，以下所说的中国煤矿分配的情形，未免近于东鳞西爪，七零八落。数年前中国地质调查所的丁文江氏已着手调查。我们希望丁君不久就要把他调查的结果详细地报告出来。（后有删节）

字词释义

东鳞西爪（dōng lín xī zhǎo）：比喻零星片段的事物。

三　将来利用天然势力的机会

这个题目太大，绝不是一口气可以说完的。现代的科学还在幼稚时代；对于这个问题并没有一个落实的解决。所以我们在此所讨论的难免不是举一漏百。就所举的方法，究竟有多少价值，还是疑问。这也不必管它；因为我们今天的目的并不是求几个完全的解决。我们的目的，第一是要使大家知道这个问题有研究的必要，第二有些什么路径可以研究下去。

地球上流行的天然势力，就我们现在所知道的，从其由来着想，可分作几项：（一）源于天体的运转者；（二）

点评

此处见证了作者学术探讨的勇气，不能因为害怕出错就不讨论了。否则就会陷入沽名钓誉的泥潭。

源于原子的爆裂者；（三）由太阳送来的势力。这三项之中，似以第三项为最关紧要。

先说第一项。地球每自转一周，海洋各处对于月球的地位，时时刻刻不同。每公转一周，对于太阳的地位，又时时刻刻不同。所以同一处的海水受日月的引力，时时不等，潮汐由是而生，但是月球距地球较太阳距地球近多了，引力的强弱是与两个物体相隔的距离的自乘为反比例的。所以潮汐的起落，与各处对于月球之地位相关较著。一年之中，有时月球引力之方向与太阳引力之方向相同。那个时候，潮汐起落之差最大。春潮之所以发生，就是因为那个道理。关于潮汐的起落，有一件事，往往为人所误解。那件事就是许多人都以为仅仅地球距月球最近的那一面的海水，被月球吸起所以潮汐上升。殊不知正与月球反对的那一面也有潮汐上升。这是什么道理？要追究这个道理，我们不能不追究引力的法则。大家都知道两个物体间引力的强弱是与两个物体的质量为正比例，与其间之距离之自乘为反比例。

地球之各部分对于月球之地位不同，那就是两者之间距离不同。距离既不同，所以各部分所受之引力强弱不同。离月球愈远的部分，它所受的引力愈小。所以假若地球全体是水做成的，那个地球受了月球的引力，必然变成一个椭球。那个椭球的长轴，必然与月球所在之方向大概一致。但地球的全体并不是水做成的，陆地虽受月球的引力，却是昂然不拔。而海水为液体，不得不应月球所在之方向，流来流去。所以潮汐之往来在海陆相接之地最著。

点评
这句话的意思是说，两个物体的质量越重，二者之间的引力越强，两个物体间的距离越远，引力越弱。

点评
此处用了假设的论证法，说理性非常强，逻辑清晰。

潮汐之流动，就是一种动势力（Kinetic Energy）的发表。倘若在海峡海滨用适当的方法，设相宜的机关，这种潮流的势力，未始不可收拾储蓄，供人类的役使。这个机会，是略有一点科学知识的人都知道的。但是还没有一个实行的计划。这种的研究，自然应落在水力工程学及土木工程学的范围里。

再说第二项。化学家经过了许多的试验，证明一切物质是由分子集合而成的。每一个分子，是由一种或数种原子以一定的数目，依一定的配置相依而成的。寻常所谓化学的变化，都不影响于原子的构造。所以从化学上看来，原子可算得是不可复分的东西。但是近来物理化学家又发现了一种新物质以及与那种新物质相联的许多新现象。现今世界上的物理学家仿佛是以全力来攻这个新题目。我们应该知道一个大概。

诸位想必知道各种物质之中，有一种能传电，亦有一种不能传电。比方五金之类以及许多的含盐类的液质都能传电。而玻璃，木料，寻常的干空气之类都不能传电。假使我们现在取一玻璃管，（比方长一尺径一寸）那管的两端紧闭，空气不能自由出入。再嵌一金类之小板于管之一端内；又嵌一金类之导线于它端内。试使小板之端与高压电机（如感应电机之类）之阴极其他端与阳极联络。管中必无何等现象可睹。如若设法将管中的空气抽去一大部分，使管中余剩的气极为稀薄；再将高压的电流联络于管的两端，那时候的情形便不同了。由阴极的小板发出一种紫色的"光线"，其前进之路与板面成直角。如有固体硬塞于那紫色光的路中，那固体就

点评
此处告诉了我们跨学科研究和学习的重要性。所以我们要博学多闻，才能全面深入地认识世界。

点评
这样的生活常识你懂了吗？真没想到，这本书中可以学到许多以后我们会遇到的物理学知识呢。

点评
这个试验看起来很复杂的样子，但值得我们耐心去理解。

显种种的光彩，并发大热。有名的 X 光线，就是这个阴极发射出来的东西途中碰着白金板而反射出来的光线。由阴极发射出来的东西并且显机械的作用。譬如置极轻之叶轮于管中，那叶轮就要被它冲动而旋转。如水冲水车，风推风车一般。最足注意的，那就是阴极发射线受磁力的影响。如若横置磁石于发射线之旁，那发射线就变弯了。与阴电流受了磁场的影响所生的结果相同。发射线又能透过极薄之铝叶，足见得它并不是光线。就前说的种种性质看来，我们不能不疑它是一点一点带阴电的物质，以极大的速率由阴极射出来的。这个情形倘若是真的，我们不难用一种方法，求出那种带阴电的物质的质量与其所带之电量之比以及其射出之速率等项。

诸位，我们所要讨论的问题是势力的问题。我方才为什么冤枉地说了一顿原子的构造。这里有点缘由，并非单是因为那发射的势力是由原子以内发泄出来的：所以原子构造的问题与我们的问题有关系。实在是因为电子之说、无机物进化之说，近年来风动一世。我们中国的"旧派"对于一切新学说新理想的态度就是屏诸四夷，不闻不问。而所谓治新学者，往往为好奇心所鼓动，抓着新东西就要说，听着新学说就相信，似乎未免近于率尔。所以我现在勉强说了几项紧要的事实以示那极玄妙的电子说是由极寻常的事实推出来的。最要紧的还是事实。那电子说成不成，还要待我们仔细地分析。什么为本，什么为末，万万不可弄错。

第三项可分作三个细目说：

（一）由太阳的热所生的动势力，河流与气流都是这

点评

"旧派"的态度是盲目排外、闭门造车；"新学者"的态度则是盲从，没有独立的思考能力。这两种学术态度都不可行，应该实事求是，广泛吸收国内外先进理论，去伪存真，为我所用。

种势力的表现。地面的水受太阳的热，变为蒸汽。气腾于空中，减其热度，变为雨雪，落在地面的高处，受地球的引力，不能停留，于是河流发生。所以地面各处的河流可视为天然热机的一部分。在中国河流甚激的地方，古代已有人建设水车，利用此项势力以灌溉田地，但利用之方未曾十分进步。在欧美利用水力之地也极多。以美国的 Niagara 及挪威等处为最著名。近闻瑞士也有大举利用水力转运电车的计划。中国高山大川不少，可设水力机关的地方必定很多。研究机械工程的人，正宜留心这个题目。

空气的压力随时随地不匀。高压的气当然常往低压的地方走，所以风生。气压变更的原因极形复杂。我们今天没有工夫讨论。我们应知道的，第一是使空气流动的势力是由太阳来的，第二是风的势方可用风车等项机器弄到人类的手里来。但是风力时有时无，时强时弱。那是在人工操纵的范围以外。

（二）直接由太阳送来的热势力，由太阳送至地球的光热，一部分为空气所吸收，增其热度；一部分直达于地面。现今在热带的地方，如开罗（Cairo）附近，已有热机，直接利用太阳传来的热。其法用一架甚大的凹镜先集收太阳传来的热力于一处（即凹镜之焦点）。再用那集中的热力运转寻常的热机，如汽机之类。此项直接用太阳的热的热机，尚在极幼稚的时代。从机械工程学上看起来，还有许多研究的余地。

以上所说的各项势力，除第二项（即原子以内的势力）外，其流行也，或圈于地，或厄于时。欲其应人类

点评

真没想到，地面的河流竟然和热力有关。

点评

这说明作者的科研工作不是仅停留在理论层面，也非常注重实际应用，对应用领域的进展非常关注。是一位非常有责任心的科学家。

字词释义

圈于（yòu yú）：被局限在；受（某种情况）拘束；受束缚。

厄于（è yú）：受困于的意思。

随地随时之需，不能不想出各种方法来储蓄它，来收敛它；使它易于运搬，易于对付。我们现今已发明许多收敛、储蓄势力的方法。那些方法可分为两类。第一类根据于物质电离电合之性。蓄电池就是这类的东西。蓄电池中之物质，受外来电流之影响而生一种化学的变化。若撤去外来的电流，联络其两极，蓄电池就吐出电流，其中的物质渐变还原样。第二类根据于热化学的原则。比方有两种物质化合而成第三种物质。倘若其化合时吸收若干热量，其分解成原来的两种物质时，亦必吐出相等的热量。以人工造燃料的原理就在这里。

将来制造燃料的方法进步。或者与碳化钙相类的东西渐渐就要出现。那些东西，就可借太阳直接送来的热势力，或风势力，或水势力造出来。换言之，我们就可把那厄于时囿于地的自然势力抓在手里，随我们的意思去分配它。

（三）缘生物所积收的热势力，寻常的动植物，大都是离了太阳的光热就不能生活。那畏阳光的生物，如许多微菌之类，也要借种种有机的物质才能生活。那些有机的物质，大概是由受阳光而生长的动植物里出来的。就是那深洋底的生物，虽直接受阳光的影响很少，但是我们没有凭据说它们的生活不间接受太阳的影响。地球上所有各种生物的生命，究竟与太阳里送来的势力有如何的关系，原来是一个很大的问题。现在姑且勿论。就我们日常的观察判断，太阳的光热与动植物的生命似乎有极密切的关系。所以我现在权且把缘生物所积收的热势力，也列在第三项势力的渊源里。

打比方

打比方指的是通过比喻来说明事物特征的一种修辞方法。利用两种不同事物之间的相似之处作比较，以突出事物的形状特点，增强说明的形象性和生动性。

点评

认识自然，利用自然，改造自然，化被动为主动。

点评

这说明无论是畏光生物，还是有机生物，还是海底生物，都不同程度地仰赖阳光才能存活。

各种天然势力的储蓄物中，最先为人类所抓着的，不待说是现代生存的各种植物。不分其种类，不分其成分，拿着就烧，那是利用这种势力储蓄物的最粗陋的方法。进一步，就是把植物的躯干变成木炭。木炭燃烧时所发出的热，自然是比等量的木材燃烧时，所发出的热量较大而力较强。再进一步就是用破坏蒸馏法，由木材里分出种种有用的东西。木材的成分随其种类不同，还有许多有用的东西，我们现在不必计较。与我们现在的问题最有关系的就是木炭与酒精，大抵软质的木料多含胶质而少酒精。硬质的木料与之相反。

现今制造家蒸馏木材的目的，大半不在取木炭而在取其余的副产物如酒精、醋质之类。

低洼之地，往往有腐烂的植物，如藓苔之属，与泥砂等质停积于一处而成泥炭。

湖沼之中往往有微生物。其体虽小而其生长繁殖异常之快。Diatomacae，Perilinidac 等族是这类生物中最可注意的。由海底、河底、湖底挖起来的泥土中，有时含一种物质与煤油相似。（Choloserol，Phytosterol）那种物质，或者是由前说的那一类的微生物酝酿出来的。倘若生物化学家再详加考察，探悉那些生物生长的习惯，我们未始不可想出方法来繁殖它们，用它们的体质做我们的燃料。

将来比较有希望的，就是直接由太阳送来的势力以及缘生物所积收的势力。在热带地方，当然可设许多的凹镜集收太阳的热，用太阳的热就可制造种种燃料，如碳化钙（CaC_2）之类。但是这两种办法也有许多难处。

读书笔记

————————————

————————————

————————————

————————————

字词释义

酝酿(yùn niàng)：本义是造酒的发酵过程，比喻做准备工作。

那太阳光线热线的强度，每日时时变更。因为这样的变更，供给的力量必不能匀；供给的力量不匀就不利于制造。偶有云雨，机器就要停止。这也是大不方便的一件事。况且镜面须大。造镜的材料，都是很贵的。说来说去，我们的希望还是落在生物身上。但是也不能不分孰轻孰重。泥炭只有一年减少一年。水中的微生物到底能不能为我们造出极多的燃料是一个问题。将来的答案难免不是一个否字。世界上人口日增，食料渐渐地困难，用五谷之类制造燃料，恐怕亦成问题。那么，最终的就是木材一项，世界上旷野之地充其量来培植森林，用尽科学的方法，将木材变为最经济的燃料，如造成酒精之类。到底能否代煤炭以供人类的要求？这个问题虽难遽然解决，但是从木材生长的速率着想，我们很难抱乐观的态度。然则人类的繁华到了难得煤炭的时候，将要渐渐地凋零么？抑或在煤炭用尽以前人类生活的状态，已经根本地变更了？

点评

　　这说明该方法虽然理论上有可行性，但实际操作起来困难重重，受气象条件的制约严重。所以，我们一定要注重理论联系实际。

点评

　　从这里我们认识到了人类燃料问题的严峻性。

字词释义

　　抑或（yì huò）：或是；还是。

我的笔记

日积月累

大言不惭　人云亦云　束缚　天经地义

异端　辩驳　钓名沽誉　勇猛精进　朝夕不离

人山人海　熙熙攘攘　暧昧　譬如

役使　日盛一日　莫衷一是　三皇五帝

猝然　东鳞西爪　囿于　抑或　凋零

拓展训练

生物的生长离不开阳光，在生活中，你有什么样的发现？请用列表格的方式表现出来。

我们的衣食住行都离不开燃料，你所知道的生活中的燃料有哪些，请你也用列表格的形式表现出来。

延伸思考

离李四光生活的年代已经很久了，我国的能源科技得到了长足的发展，互联网思维也进入了能源领域。请你思考一下，我们现在常用的能源来源有哪些？

地史的纪元

？文前小问号

什么是地史？它是怎样计算的？

点评

从中可见，在作者生活的年代，他们获得信息和知识的方式主要是靠书籍，而现在，我们获取信息的途径和速度都极大地增加了，这是我们的幸运。

点评

对于觉里的提法，作者是持赞同态度的。

听说去年觉里教授（J.Joly）在牛津大学讲第二十七次薄伊尔讲演（Robert Boyle Lecture）时，又提起地球年龄的问题。觉氏对于这个问题素有研究，并曾出专书（如 *Radioactivity and Geology*）讨论。此次讲演，想必更有新发明，可惜我们不能当场领教，而且连他的讲稿亦不曾看过。直到现在，我们在今年（1926）四月出版的《自然》上，看见霍孟士（Arthur Holmes）对于他批评的文字，才知道这个半生半死的问题，在西方近来又复活起来了。

头一件事令我们注意的，就是觉里此次提出讨论的题目。从前关于这一类的讨论，一般科学家所用的题目，都是"地球的年龄"。觉氏此次不说地球的年龄，而说"地史学上地球的年龄"。这种命题，的确可以免去一般人的误解。史学家从事实上不能不把人类的历史分为有史以前和有史以后的两段；地史学家似乎也应该把有地史（指有地史的遗迹而言）以前和有地史以后的时期分为两段。在前一段时期中，地球经过何等的变化，经过若干年代，依我们现在的知识看来，谁也不敢断言。地球究竟是如何产生的，还是一个悬案，怎么能大言不惭地去说地球的年龄？

地球前半的历史，固然现在还是一笔糊涂账。但是自从海陆划分以来，至少地面上的变更，确实有许多遗迹可考。这个海陆划分的时期，可算是地史发端的时期。觉里所说地史学上地球的年龄，也就是从这个时期起算。

前已说过，我们是未曾读过觉氏的论文的人。我们当然不敢妄发议论，批评觉氏的长短。但是霍孟士也曾著了一本专书，讨论地球经过的年代。他在《自然》上对于觉里教授的批评，对与不对，我们虽然不便加以严格地判断，但是他所发表的意见，的确可以供我们参考。

在介绍霍氏的意见以前，待我先把关于计算地球年龄的几种重要方法略述一次：

（一）根据地球的热状

在各种方法之中，恐怕要算这种方法最老。汤姆孙（J.J.Thomson）氏首先提出。汤氏假定地球最初为一团热汁。这团热汁，渐渐冷却，必定发生对流（Conveotion）现象，使中心与表面的温度大致相等。迨到全体凝结成了固体，它的温度才能下降。历时愈久，表面与中心的温度相差愈大。换一句话说，地球自从凝结成了固体以后，它全体便不能保持平均的温度；愈到内部愈

点评

这说明作者是一个非常谦虚的人，不会说空口无凭的话。

字词释义

妄（wàng）发议论：胡乱发表议论。"妄"的本义是狂乱，后也引申指荒诞、胡乱之义。

热，愈近外面愈冷。在一定的时期，一定的地点，温度的变更率（Temperaturegradient），传热物质的密度，比热，及其传热率有一定的关系。那种关系，可以用富里耶（Fourier）的方程式表明。现在地球表面上温度的变更率，各种岩石的平均密度，比热，以及传热率，都能实地地测验。所以只要知道地球当凝结时的温度，我们应该可以算出造成现今温度变更率所要的年代。汤姆孙假定地球当凝结时的温度为 7000 ℉（华氏度），即 3871℃，算出的结果，得地球的年龄 96 兆岁。汤氏正在那里自鸣得意，忽然翻出一群地史学上的事实，证明他的地球未免年纪太轻了！

这种方法的缺点是显而易见的。不用讲我们不能假定地球的过去，有一个时期全体固结，全体温度平均。就是现在除了极肤浅的壳子以外，我们并不敢断定它是什么物质造成，呈什么状态。况且有许多放射元素，——至少在地壳中——不断地供给热量。假若放射元素在地中分配的情形，与在地面相似，据计算的结果，地球的温度，不独不能减少，还应增加。对于汤姆孙的大作，我们似乎不必再客气了。

（二）根据地层的总厚

这种方法，也是很老的。它的原则，极为简单。我们都知道地面的岩石，有一部分是由泥土砂砾固结而成的。那些泥土砂砾之所以发生，大半是因为已成的岩石受了风雨的摧残，经过河流的输送，而停积在湖海里的。在停积的当时，虽是乱杂无章的泥砂；而历时甚久，就变为层层垒叠的岩石。自海陆划分的时期以至今日，陆地受风雨的剥蚀，不或停止。所以水里的停积物，也是层复一层，不断地增加。现在假如知道地球上停积岩层的总厚，又知道每年停积的厚度若干，用后者除前者，应该得出地球自海陆划分以来的年数。

这个方法，在理论上再简单没有。可是在事实上，则大谬不然。因为关于除数和被除数的调查或计算，都是大费工夫。那些难处，我们不必——从理论上讨论，单看后表中所列各家计算结果相差若是之远，就够了。

即令将来我们得着极详细的调查，我们有什么方法断定现今的停积率与过去的平均停积率成如何的比例？然则这第二种方法也不可靠。

字词释义

大谬（miù）不然：大错特错，与实际完全不符。

点评

通过表格的形式罗列了主要地质学家对岩层厚度和地球年龄的不同发现。以此证明根据地层总厚来计算地球年龄的方法并不可靠。

调查人	岩层总厚	每停积一英尺厚所要的年数	年龄
赫胥黎	100.000 英尺	1000	100 兆
毫顿	177.200 英尺	8616	1526 兆
拉巴朗	150.000 英尺	600	90 兆
格基	100.000 英尺	730 至 6800	73 至 680 兆
索拉士	256.000 英尺	100	25.6 兆

（三）根据海中的钠量

溶在海水中的盐质，种类虽多，只有钠（Na）质，有蓄积于海中的趋势。其余各种盐质，终久必被排去。假若知道现在海中溶钠的总量若干，又知道现今每年由河流输送到海里去的钠量若干；如若每年加入的钠量千古不变，我们立刻就能算出自从世界上有海洋以来到今

名词解释

兆年：一兆年等于一万亿年。

点评

既然作者对此方法如此看重，我们要好好研读。可以带着问题阅读：为什么作者会赞同这个方法呢？

日所历的年代。据马列（Murray）和加士天（Karsten）的调查，世界上海水平均的密度为1.026，又据加士天的调查，海洋全体的容积为307,496,000立方英里。所以海洋全体的质量为1,178,270×10^{12}吨。钠质在海水中，平均占1.08%（据Dittmar）。所以现在海中的总钠量应为12,600×10^{12}吨。每年由河流送入海洋的钠量世界总计有156,000,000吨。从这两个数目，得海洋的年龄约80.8兆年。

如此计算，在算术上虽然没有差误，但是事实上还有许多困难。关于海洋中钠质的总数，以上所说的几项调查还算精密，大约与实数相去不甚远。至若关于海洋中每年增加的钠量，调查计算，都不容易。前说的数目，乃是从分析世界上各大河流排泄物所得结果。据精密的考察，河流中所含的钠，有一部分是从海里吹来的；那种吹来送去的钠质，当然不应列入每年增加的量中。我们还要知道，在过去各地质时代，有一部分的钠质，时而和泥砂混在一道，加入在岩石里面；时而与岩石同时受侵蚀作用，转入海洋，转来转去，呈循环的状况。最后还有一层绝大的疑问：那就是当海洋初成的时候，海水中是否已经有若干钠质，无从断定。凡此等等，都足以表明实际上计算的困难。

（四）根据含放射元素的矿物中铀与氦或铅的比率

在种种测算地球年龄的方法中，要算这个方法最新，最漂亮，也可说是最靠得住。我们在实验室中，已经得了十二分的证据，证明铀（U）钍（Th）等质，放射了亚尔发质点后，即变为他种放射元素。那新发生的放射元素，又放射亚尔发质点，又变为他种元素。如此递变不已，最后变成铅质。每一种放射元素，都有一定的生存期限。由一定的分量减到一半所要的时间，普通名曰半生期。各种放射元素的半生期，都是一定的。对于温度压力化合的状态等等绝对没有关系。放射出来的亚尔发质点，都是荷电的质点。它失掉了电性，就成了氦气。所以凡属含铀钍等质的矿物，其中必有若干氦和铅存在，据精细的测验，每一钱铀质，每年可发生 1.22×10^{-10} 钱的铅。因为这种变化进行极慢，所以铅的产生率可视为一个恒数。

假如现在有一块含铀的矿物，我们知道它所属的地质时代，我们只要测出那块矿物中铀与铅的比率，再用 1.22×10^{-10} 除之，就可以知道从那个地质时代到现在的年数。

这种计算的方法，在理论上似乎极为圆满。但是事实上也有不容易解释的地方。比如根据同一地方同一时代的各种矿物计算，所得的结果往往不等。而从含铀矿物所得的结果，往往高于从含钍矿物所得的结果。觉里教授举出一个例来说：锡兰有一种黑铀矿（Pitehblende）及一种钍矿（Thorite），同产于一地，但是从铀铅的比率计算，得 512 兆年；而从钍铅的比率计算，只有 130 兆年。

现在我们再来看看觉里的结论和霍孟土的批评。觉里的议论，仿佛是注重某种含钍矿物中的钍与铅之比；而以海洋的咸度（即钠量）为佐证。他主张自玄古时代（Arhaean）到现今，在 160 兆年至 240 兆年之间。

霍氏对于觉里所选择的材料不甚满意。他说钍中的铅，容易溶解。所以觉氏所用的钍矿，其中必有一部分铅已经消失，因此所得的年数过小。铀矿中的铅比较地

点评
理论和现实的差距和冲突在科学研究中总是存在，这就要求我们要精益求精，不停地求证。

点评
学者之间的学术观点存在分歧，是正常的现象，应该善意地质疑。

难于溶解，所以自初次产生以来，应该都蓄积在矿中。觉里不用铀矿而用钍矿，的确有点不妥。就是钍矿中也有年龄超过 400 兆者，更足以帮助霍氏的意见。

至若海洋的咸度，关系复杂，前已说过，殊不足引为证佐。若仔细地思量，恐怕向来从海洋咸度所弄出来的年龄，只有失之太少，或失之太多。

关于研究地球的年龄，觉里教授总算是一位前辈。但是他去年在牛津大学所发表的新结果，我们不敢完全赞成。霍氏的辩证，似乎都有相当的道理。将来关于放射元素测验的方法，假若更加精密，恐怕计算的结果，只有数目增大，不会减少。在现今的知识程度之下，我们无妨认定自从玄古时代到今日[①]的年数是 400 兆左右。

日积月累

妄发议论　自鸣得意　显而易见

肤浅　摧残　大谬不然

拓展训练

回顾一下原文，文中共提到了几种计算地球年龄的主要方法？请你用表格的形式罗列出来。

延伸思考

"地球的年龄"和"地史学上地球的年龄"你认为是一回事吗？请说明你的理由。

---

① 本篇文章写于 1926 年。——译者注

点评

看得出作者对觉里教授非常尊重，但对其研究结果并不完全赞同，保持了自己独立的思考能力和观点。

点评

为了方便研究和考虑到大众的需要，作者还给出了较为妥当的地球年龄。

我的笔记

_____

_____

_____

_____

_____

中国北部之䗴科（即纺锤虫）

？文前小问号

什么是䗴科？它的特征是什么？

绪　言

　　此篇之作，已历四春秋乃迟至今日，始能公之于世者，一则以资料广布全国，搜集匪易。再则以制造薄片，须准一定之方位，排置至为困难。况于学校授课之余，勉事研究，为时已无几矣。迩者虽积岁月之工作，得薄片两千余幅，种类四十有奇。而衡以亿万其徒，当时栖息于海底者，则亦泰山之与毫末耳，其不足以尽种类之别，勿待言也。

　　䗴之躯壳至微，虽千万成群，埋没于岩石之中，往往不易发见。而数年来中国地质调查所竟能搜集大宗资料，且无一不详加标记，层序井然，足证奔走于野外者，

点评

　　四春秋：四年的意思。

名词解释

　　薄片：地质学术语，是指用以在偏光显微镜下进行观察研究的岩石或透明矿物的标本制品。

点评

对于海内外的同行专家，感恩不尽。

勤敏如何。倘此篇略有贡献之可言，其功不在著者，而实在野外调查诸君也。海外同道，亦莫不纷纷赞助，乐观此篇之成。如瑞典力克士博物馆及亚勃萨拉大学之维曼教授，慨然以该国学者数十年来在北冰洋一带所获之材料，悉赠予著者，做比较研究之资。俄国地质调查所及莫斯科大学之帕布洛夫教授，亦以优美之标本相赠。美国之亚勃林夫人及勃兰玛夫人，举其在中美及美国极西南部，历年亲身搜集之材料，强半予余。而勃兰玛夫人，并详细示余以葛达鲁薄山脉一带含蜓岩层之层位。凡此等等，皆予著者以莫大之助力。特志数语，以表感谢之忱。

一 构造及分类

摹状貌说明法

为使被说明的实物更形象具体，可以进行状貌摹写，这种方法叫摹状貌。这一自然段就用摹状貌说明法说明了低级之蜓的构造。

本篇所论列者，大都为低级之蜓。其构造之上要素，计有数端：（1）胎房；（2）旋房；（3）旋壁；（4）前壁；（5）口隙；（6）口环。胎房多呈球状，亦有呈椭球状，或其他不规则之形状者。旋房以胎房为起点，节节伸展，做螺旋式。其两端常尖而中部扩大，状如蜓，故定名为蜓。旋壁之组织，最复杂者分为四层。其极内及极外两层，厚薄不匀，质疏色暗，名曰壁盖。中间二层之在外者，坚而薄，几不透光，名曰隔膜。其在内而与壁盖紧接者，名蜂巢层，常透明，厚薄亦匀，呈蜂巢之状。中有无数小孔，与隔膜垂直。小孔有时较粗，以显微镜窥之，显然可睹。亦有时极细了无痕迹可寻。前壁之构造，间有与旋壁相同者。然大多数则模糊不可考证。前壁有平正者，有褶皱者。口隙呈新月或半月形，位于前壁之中部。

其为原生质出入之孔道，毫无可疑。口之两旁，有物隆起，一若防原生质之溃散者然，是名口环。

依此等构造，中国北部所产之蜓科，迄今已发见者，可分三族（Genus），及若干亚族如次。

（1）Boultonia

（2）Fusulinella ┌ Staffella
　　　　　　　└ Neofusulinella

（3）Fusulina ┌ Girtyina
　　　　　　 ├ Schellwienia
　　　　　　 └ Schwagerina

Boultonia 一族，初发见于中国。迄今只得二种。其体极微，最长者不过二厘有半。普通之长度，不过一厘左右耳。此族之特色，除其体壳纤微而外，尚有二段之发育。其内部各旋之旋转轴，常与外部各旋之旋转轴异向。且其内部各旋短而粗，形状近于扁球。而外部各旋，则中部隆起，两端尖细，其状似蜓。旋壁之构造不易辨识，大约由隔膜及蜂巢层两者而成。旋壁略形褶皱。口隙及口环在外部各旋中，颇为显著。

Fusulinella 体壳亦不甚大。壁之构造，四层皆备。前壁平直，蜂巢层之蜂巢构造，往往不易辨识。口环甚为发育。此族可分为两亚族，旋轴之长小于旋径或与旋径相等者，属 Staffella。呈蜓状者，属 Neofusulinella。

Fusulina 一族，或呈蜓形，或呈筒形，间亦有状如扁球者。此族最为繁殖，可分为三亚族。（1）Girtyina，旋壁亦分四层，唯外壁盖极薄。蜂巢层之蜂巢结构，多不清晰。前壁褶皱甚多，口环颇为发育。（2）Schellwienia，旋壁大抵由隔膜及蜂巢层二者组成。蜂巢层之蜂巢状构造，极为显著。内部一二旋，间有带壁盖者。然以绝无壁盖者居多。前壁常带褶皱，但依种类不同，褶皱有疏密之别。口环时有时无。（3）Schwagerina，常呈球状，体格颇大，普通与苜蓿相等。蜓壳旋转之数颇多。旋转之展开极速。旋壁之构造与 Schellwienia 相同。前壁或平直，或略形褶皱。口环甚小。仅见于内部各旋。

二 分布及层位

含蜓之石灰岩，在中国北部分布甚广，层次亦多。每层有厚不及一公尺者，有二三公尺者，间亦有厚至十余公尺者。砂岩、页岩及煤层夹杂于其间，足证低级蜓科繁殖之地，乃浅海，非大洋也。通中国北方各省，除直隶西北部而外，凡有古生时代煤系之处，几无一不夹含蜓石灰岩。主要煤层之地位，往往可依特种含蜓石灰岩之层位而预为测定。即此一端，可知纯粹古生物学上之研究与矿业之发展，关系何等密切。吾国之从事矿业者，谅早已见及于此，无待赘言。兹将本篇中各项材料出产之地点及岩层，逐一列举如次，以供一览。

1. 奉天

（1）本溪湖煤田。据赵亚曾君之调查，此地计有三层含蜓石灰岩。最上一层名本溪石灰岩，厚 5.5 公尺。中层名小峪石灰岩，厚 1.8 公尺。下层名蚂蚁石灰岩，分二小层，有黄色砂质页岩间于其间。总厚约 6 公尺。煤层皆在此等石灰岩层之上。

（2）烟台煤田。层序不明。

（3）五湖嘴煤田。据赵亚曾及小泽仪明二君之调查，此处之含蜓石灰岩，有七八层之多，厚薄不等。最上一二薄层，赵君称为杨树沟石灰岩。中部之石灰岩层，由数层叠积而成，多含燧石。其上部渐变为页岩，总厚6.4公尺。统称为五湖嘴石灰岩。下部石灰岩计有三四单层。其中最厚者，达8公尺，名三岭石灰岩。主要煤层，在五湖嘴石灰岩以上。

2.察哈尔

（4）张家口北约200公里之处。有含蜓石灰岩一层露出。

3.直隶

（5）唐山煤田。据马幼君之报告，唐山煤田中，只有含蜓石灰岩一层，名唐山石灰岩，厚一二公尺，在大煤之下约80公尺。

（6）临城煤田。据王竹泉赵亚曾田琦瑀三君之调查及其他报告，本煤田中之含蜓石灰岩，至少有四层。在上者名北村石灰岩，厚1.2公尺。其下者名后沟村石灰岩，厚2.8公尺。再下者名祁村石灰岩，厚4.6公尺。最下者似由数薄层积合而成，兹定名曰临城石灰岩。主要之煤层在祁村石灰岩以下。

（7）沙河煤田。含蜓石灰岩至少有三层。上二层各厚约1.3公尺。最下者厚三四公尺。煤层散布于此等石灰岩及其他砂岩、页岩之间。大煤（俗名底界）在下层石灰岩下十一二公尺之处。

（8）磁县煤田。由磁县之彭城以南，至河南之六河沟煤田一带，含煤系之地层，大致相同。赵亚曾君曾做

名词解释

察哈尔：察哈尔省，中国原省级行政区。察哈尔特别区建于1912年，民国十七年改置为察哈尔省。1952年，察哈尔省撤销，划归北京市、河北省、山西省及内蒙古自治区。

名词解释

直隶（zhí lì）：这里是河北省的旧称，1928年改今名。

详细之报告。此带地域之含蜓石灰岩共有五层。最下者名大青石灰岩，厚五六公尺。其上者为小青石灰岩。再上者为复青石灰岩。再上者为山青石灰岩。再上者为野青石灰岩。此等岩层之厚，除复青有时达三四公尺而外，余皆不过一公尺左右。常有薄煤层散布于其间。大煤远在野青石灰岩以上。

4. 河南

（9）六河沟煤田。含蜓石灰岩之层次及其与大煤之关系，与磁县煤田相同。

（10）新安县城北60里。安特生君在此曾采集若干种化石，属于蜓科。此处似只有含蜓石灰岩一层，大约与大青相当。

（11）陕县（今陕州区）鸭子嘴沟。含蜓石灰岩至少有一层。

5. 山东

（12）章丘煤田。含蜓石灰岩之层数颇多，最下者名徐家庄石灰岩。主要煤层在含蜓石灰岩之以上。

（13）博山煤田。含蜓石灰岩至少有两层。

（14）峄县（今峄城区）煤田。含蜓石灰岩层数未详。大煤在石灰岩以上。

6. 山西

（15）大同煤田。有含蜓石灰岩一层，名口泉石灰岩，在石炭纪之大煤以下。其层位恰与唐山石灰岩相当。

（16）平定煤田。含蜓石灰岩共六层。最上者名猴石，厚2公尺。其下为钱石，厚1.5公尺。再下为固石，厚3公尺。再下为四节石，厚1.8公尺。再下为腰固石，厚不及 1 公尺。最下为平定石灰岩，厚未详。固石、四节石、腰固石相距甚近，几可视为一层。大煤厚 5 公尺有余，在腰固石下约 15 公尺之处。

（17）太原西山。据那林君之调查，太原西山一带之含蜓石灰岩共有五层。其最下者分数单层，间以砂岩、页岩，统名畔沟石灰岩。各单层均甚薄。其上者为庙口石灰岩，厚 5 公尺至 12 公尺不等。再上为毛儿沟石灰岩，厚 4 公尺至 8 公尺。再上为斜道石灰岩，厚二三公尺。最高者为东大窑石灰岩。此等石灰岩之露头，以月门沟、东大窑、斜道一带，最为清晰。主要之煤层，在东大窑石灰岩以上。

（18）太原东山。据那林君之调查，太原东山之煤系，亦夹有五层石灰岩。其最高者名关底沟石灰岩，厚约 4 公尺。其下者名石齐凹沟石灰岩，厚约 3 公尺。再下为关门沟石灰岩，厚 1 公尺至 3 公尺。再下为南窑沟石灰岩，厚 2 公尺至 8 公尺。最下为涧道沟石灰岩，厚 1 公尺至 3 公尺。

（19）山西南部。袁复礼君在山西翼城、介休、临汾等地，得蜓若干种。据云煤系中只见含蜓石灰岩一层。其发育之情形似与河南之西北部相类似。

（20）保德煤田。据王竹泉君之调查，此处含蜓石灰岩共有三层。上层名保德石灰岩，厚约 10 公尺。中层名巴篓沟石灰岩。下层名张家沟石灰岩。大煤在保德石灰岩与巴篓沟石灰岩之间。

7. 甘肃

（21）红山窑（永昌县西 50 里）。据袁复礼君之报告，

字词释义

未详：不知道或了解得不清楚，或者没有列举全部。

几可：此处为几乎、基本上可以的意思。

点评

在人名后加"君"字，表示对人的尊重与景仰。

此处煤系中之石灰岩，多至六七层。然只见其中一层含有蜓科。

(22) 羊虎沟（红山窑西三四十里）。岩层未详。

(23) 新河（山丹县西 40 里）。据袁复礼君之调查，含蜓石灰岩共有两层。本篇所载之标本，皆来自上层。

(24) 窑沟（高台县南 60 里）。含蜓石灰岩只有一层。

前述各处之含蜓石灰岩，就其中所之含蜓种而论，可分为两系。在上者称为太原系。居下者称为本溪系。本溪湖煤田之含蜓石灰岩，皆属于本溪系。烟台之煤系至少有一部分属之。五湖嘴煤系之下部亦属之。其他如距张家口北 200 公里之含蜓石灰岩，唐山石灰岩，章丘煤田之徐家庄石灰岩，山西之口泉石灰岩，平定石灰岩，畔沟石灰岩，巴娄沟及张家沟石灰岩，甘肃之羊虎沟石灰岩，皆属于本溪系。其他列举之各石灰岩，则皆属太原系。

本溪系之石灰岩中只有 Staffella，Neofusulinella，Girtyina 三亚族之蜓而绝无 Schellwienia，Schwagering。太原系石灰岩中之蜓，适得其反。两者境界判然。一若有间断存乎其间。本溪系中之生物，与俄国莫斯科系相同者甚多，故其所属之年代，当为中石炭纪。而太原系中之蜓，则有为东亚之特产者，有与欧俄、北冰洋、东阿尔魄士，及中亚诸地所产者一致，间亦杂有印度盐岭之特种，其属于上石炭纪，似无可疑。数年前，资料不足，著者颇疑中国北部之蜓科，与北美之产品有相类似者。兹积本国之材料甚夥，复得亚勃林及勃兰玛二夫人之赠品，反复研究之余，始谂知当时意见之谬。夫此等动物，仅能生存于浅海之底，前已言之。今发见于太平洋东西

中国北部之蟓料（即纺锤虫）

两岸者，绝无直接交通之痕迹，是亦大洋永久存在之一证欤。

凡经著者所研究之材料，现皆陈列于北京大学地质陈列馆，并一一附以记号，以便就正于同道。

日积月累

勤敏　纤微　疏密　即此一端

相当　未详　适得其反

拓展训练

本文出现了很多地名，这些地名有的已经发生了改变，请找出古今不同的地名。

延伸思考

回顾一下本文的结构，最开始的"绪言"起到什么作用？

点评

作者的学术研究之严谨，再一次得到彰显，连研究材料的出处都标明了。而且态度很谦虚，声明"以便就正于同道"。

我的笔记

_____

_____

_____

_____

_____

地质力学发展的过程
和当前的任务

点评

　　开门见山，直入主题，语言简洁明快。

　　今天，我想同第三期地质力学进修班的同志们漫谈两个问题：第一个问题是地质力学发展的过程，第二个问题是地质力学当前的任务和它面临的问题。

一　地质力学发展的过程

点评

　　这样的态度，几乎适用于我们研究思考一切问题，包括我们平时对知识的理解。

　　为什么要讲地质力学发展的过程呢？因为一切事物，都有它自己的发展过程。我们不能割断历史来看问题。我们讲地质力学发展的过程，就是为了总结正面的和反面的经验，找出今后工作的方向。

　　我们所说的地质力学，大致可以说是经过两个阶段

地质力学发展的过程和当前的任务

发展起来的：

第一个阶段是从 1921 年研究中国北部石炭二叠纪沉积物开始的。中国北部是一个丰富的产煤地区，那些主要的煤层与石炭二叠纪的地层有密切的联系。这些石炭二叠纪的地层，当时统称为太原系。紧接着它上面的山西系，其中一部分，后来称为"石盒子系"，是与主要的含煤地层有关。太原系，主要是由陆相地层构成的，其中夹有若干薄煤层，还夹有若干海相地层。

关于太原系的时代问题，有过长期争论。最初，有些人，例如在中国前后搞了 30 多年地质工作的德国人李希霍芬把太原系以下相当厚的石灰岩建造，用西北欧典型地区例如英国的标准来硬套，称为煤炭石灰岩，意味着这些石灰岩和英国的早石炭世石灰岩相当。现在大家都知道，实际上这些石灰岩是属于奥陶纪的。所以，这些石灰岩以上的太原系，就被认为是石炭纪的沉积物。葛利普起初也认为太原系是早石炭世的建造。

在太原系中，当时发现的化石并不多。后来，在许多地点出露的太原系海相地层中，找到了丰富的微体古生物群，特别是䗴科；在其中的陆相地层中，例如在"唐山煤系"中，也找到一些植物化石。因此，关于太原系时代问题的争论就更加纷乱。有的人认为是属于晚石炭世的，有的甚至认为是属于早二叠世的，诸如此类。

到 1924 年，从莫斯科盆地中典型的中石炭统地区，取得了大量的䗴科标本和若干腕足类标本。经过详细的比较和鉴定，证明了莫斯科系中的海相生物群和太原系下部海相地层中所含的生物群，有密切的联系。根据这一发现，我们就把太原系分为上下两段：下一段称为本溪系，划归中石炭统；上一段仍然称为太原系。这个发现，对北美石炭纪地层的划分，产生了相当重大的影响。因为在那里也和在西北欧一样，很久以来，石炭纪地层的划分，仅仅分为上下两部分建造。从此以后，在全世界范围内，至少可以说在北半球范围内，关于中石炭世海相地层的存在，逐步发现了更多的证据，也逐步被人们接受了。

在中国南部，晚古生代地层发育的情况，和北部很不相同。在南部，石炭纪和二叠纪的地层，海相占优势。这些海相地层的划分和年代的鉴定，也曾发生过相当激烈的争论。那些石灰岩中所含的蜓科化石，对解决上述争论，起了很重要的作用。因为我们在中国南部的所谓黄龙灰岩、壶天灰岩等厚度颇大、岩质颇纯的海相地层中，发现了大量的蜓化石，经过鉴定和比较，确定了这些海相地层，和中国北部的本溪系海相陆相交错的地层相当。同时，又在中国南部的所谓栖霞灰岩、船山灰岩、马平灰岩等厚度相当大、分布相当广泛的海相地层中，也发现了大量的蜓科化石，这些化石的某些种属，与中国北部狭义的太原系中所含的蜓科化石相同。这就证明了，中国南部这些占主要地位的晚石炭世和一部分石炭—二叠纪过渡的海相地层，与中国北部以陆相为主夹有若干海相地层的太原系，是同时代的产物。

那么，就发生了这样一个问题：当时海侵海退的现象，为什么有这样南北的差异？这个问题，牵涉到大陆局部升降运动和海面全面的升降运动，以及在低纬度和

点评

针对晚古生代地层发育的情况，进行南北部对比。

点评

在以上调查研究的基础上，得出了一定的结论，这是科学研究的主要路径。

高纬度地区存在着海面差异运动等等可能性。问题是复杂的，很难一举得到解决。不过，经过对地球上其他地区，当时海侵海退现象，做了初步的比较，特别是对古生代以后大陆上海水进退规程的初步探索，就得到了一种假说。这就是：大陆上海水的进退，不完全像有名的奥地利地质学家苏士所提的那样，即海面的运动，或升或降，是具有全球性的，而是可能还有由赤道向两极又反过来由两极向赤道的方向性的运动。这个假说，又引起了一个问题：为什么海洋会发生这样具有方向性的运动？当时初步设想，这可能是由于地球自转速度在漫长的地质时代中反复发生了时快时慢的变化。这种设想，有没有点正确性，当然还存在着很多问题，不过，它对地质力学工作的开端，起了相当重要的启发作用。它的作用，在于提出了这样一个问题，即大陆运动，包括区域性的构造运动，是不是也会受到这种地球自转速度变化的影响呢？如果是的，如果构成大陆的岩石，受到了长期地应力活动的作用，它具有一定刚性和塑性的话，那么，当大陆和海洋发生南北向的方向性运动以后，在大陆上，也应该留下相应的痕迹。人们有时说，地质力学不管沉积，这是不符合事实的。

在 20 世纪 20 年代，关于大陆运动起源的问题，各个学派，甚至每个放眼世界的地质工作者，都提出了自己的看法。在这里不可能一一介绍，下面只能扼要地谈一下具有代表性的两大派意见：

传统学派，主张地球在它长期存在的过程中，由于逐渐失热或其他原因而收缩，以致海洋部分，特别是太

字词释义

假说：即假设，指科学家提出解释事象的主张而尚未证明的。

点评

作者对于设想的评价，非常客观全面，既坦言尚存在着问题，又看到了它的积极作用。

字词释义

扼要（è yào）：扼据要冲；切中要领。

字词释义

次生(cì shēng)：第二次生成，间接造成；派生。

平洋部分，显著地发生了沉降；而在大陆部分，总的趋向，也是朝着地心下降，但在局部地区，也可能发生相对的上升下降运动，因之发生了褶皱现象和各种断裂现象。这一派的看法是以垂直运动为主的，局部的水平运动是由于垂直运动而引起的次生运动。

另一学派是主张以水平运动为主的。他们在认识了均衡现象的基础上，认为主要由硅铝层构成的大陆，是浮在由硅镁层构成的基底上面；并且认为大陆能够在它的基底上面和由硅镁层构成的海底上面，发生水平的滑动；还认为大陆的各部分，也能够发生大规模的相对水平位移。

大陆在地球表层中，究竟能不能够像冰山在海洋中那样，自由地漂来漂去，是个问题。即使主张大陆是可以漂流的人们，要说到大陆究竟怎样漂流，各家各派都有自己的看法。归纳起来，主要可以分为三派：

点评

由此可以看出，评价一种学术观点的优劣，关键因素在于是否全面、系统，以及是否证据确凿、丰富。

人们最注意的一派，是以魏格纳大陆漂流说为代表。实际上，在魏格纳以前，早已有人提出大陆漂流说。不过，魏格纳的提法比较全面，也比较系统，并且提出了比较多的证据来支持他的说法。其中显得比较突出的证据是：(1) 在某些地质时代，地球表面上古气候带的巨大变化；(2) 大西洋东西海岸线形状的相符性；(3) 南北美大陆和欧非大陆上，特别是南美大陆和非洲大陆上，某些古生物群的密切联系；(4) 南美洲和南非洲某些建造特点的相似性；(5) 晚古生代南半球大陆，包括印度半岛在内的"冈瓦纳大陆"上冰川流动的方向，等等，都广泛地引起了人们的注意。

另一派，也和魏格纳大陆漂流说近似，其不同之点在于：约里提出了关于硅铝层岩石放射性作用和大陆表面形状的关系问题。约里摘取了构成硅铝层若干类型的岩石，来代表构成硅铝层的岩层，再根据那些有代表性的岩石的放射性矿物的含量，推算了硅铝层中，由于放射物质的自然爆裂，每年所产生的热量。据约里的意见，这个热量，有一部分在地球的表层以下存积起来。经过这样的考虑，他估计每 2500 万～3000 万年内，大陆下部的岩层，例如玄武岩之类，就会被熔解。在大陆下部熔解了的状态下，由于月球的影响而产生的潮汐，就起了拖移大陆的作用。于是，大陆就搬家了，向海洋方向搬走；原来大陆的基底，就出露了，并且逐渐冷却了。这样，就形成一次大规模的地壳运动。至此，地壳大运动的次轮回也就告终，新轮回就从此开始。

　　还有一派，认为地球内部不断发生对流，轻的物质向上，较重的物质向下，其结果，在某些地带把大陆拖开，使它们分裂，海洋从而侵入。在分裂的那一方面，大陆的海岸留下张裂的痕迹，例如北美海岸以至内陆和西欧海岸以至内陆，就遗留着由于这种拖动而被拉断了的古生代山脉。在另一方面，大陆碰到了海底较重和较硬的硅镁层的抗抵，而发生了大规模的挤压现象。由于这种挤压，就形成了大型的地槽，以及由地槽转变过来的雄巍山脉。南北美洲大陆西岸的科迪勒拉地槽和安第斯、科迪勒拉等巨大山脉，就是这样形成的。这种看法的后一部分——南北美大陆的东部和欧非大陆分裂，南北美大陆的西部向太平洋方面推挤，和上述两派的看法，基

点评

　　这段关于地壳运动的描述非常有画面感，仿佛地壳运动就发生在我们眼前一样。

拟人

　　把大陆拟人化，把大陆的移动形容为"搬家"。

点评

　　分两方面来说明，非常全面。

本上是相同的。

各式各样的大陆漂流说曾轰动一时，但在所谓正统学派的顽强抗拒下，逐渐搁浅了。近年来，由于古地磁工作的发展，又有活跃的趋势。

在各个学派纷争的影响下，1926 年，《地球表面形象变迁的主因》一文就被提出来了。这篇文章，在批判了一些传统学派的同时，根据大陆上大规模运动的方向，推论了那些运动起源于地球自转速度的变化，提出了"大陆车阀"自动控制地球自转速度的作用。这一套理论，不是没有一点实践的基础，但是，这样立论，大体上说，也和其他各派的学说一样，在方法论上存在着很大的缺点。主要的缺点在于：用的资料不够广泛、不够细致、不够落实，而是片面地抓住一些事实，或者若干现象，参考一些第二手资料，就急急忙忙地提出大的理论来。实际上，这些所谓理论，是很低级的，也是很粗糙的。它们所依靠的证据，往往可以这样解释，也可以那样解释，不够严格，也不够严密。这是一个很深刻的教训，同时也积累了一些粗略而不是没有益的经验，特别是让我们对大块大陆运动的方向性有所认识。这是地质力学发展过程中的第一个阶段。

地质力学发展过程的第二阶段，不是从结束了第一阶段才开始的，而是在第一阶段的后期，已经开始了一些零星的工作。那些工作，主要是针对着区域性构造现象之间的相互关系。必须说明，这里所说的构造现象，是对于大型、小型、单式、复式的褶皱和各种断裂而言。这些形变现象，是当地地壳运动的陈迹，是实实在在的

名词解释

方法论：就是关于人们认识世界、改造世界的方法的理论。

方法论是一种以解决问题为目标的理论体系或系统，通常涉及对问题阶段、任务、工具、方法技巧的论述。

点评

并不是说第二手资料不可靠，没有价值，而是不可盲从，应该仔细推敲、求证。

地质力学发展的过程和当前的任务

东西。所以，要了解当地所经过的地壳运动的程式，就必须对它们各自的本质、形成的过程和它们彼此之间可能存在的联系有所认识。这样来看问题，就和在第一阶段中，只注重大块大陆的运动，根本有所不同了。

对构造现象本质的探索，是从认识一些个别的和特殊的现象开始的。起初，见到乌拉尔那样褶皱强烈的山脉，在东西两面的广大平原之间突起，好像一条长蛇，南北蜿蜒，这不能不说是欧亚大陆中一个突出的奇异现象。为什么有这样一条山脉？光说它是由一个南北向地槽在回返阶段中转变而成的，这只是把问题向后推了一步，并不能满意地回答"为什么在欧亚大陆之间，曾经存在着那样一个地槽"。大家知道，乌拉尔主要是在晚古生代经过一次巨大的构造运动而形成的一条山脉，很难设想，它是孤立的。实际上，在它的东西两面的广大平原，所谓俄罗斯地台和西伯利亚地台以南，还存在着相当复杂的一套弧形山脉：西边从高加索以西，东边到阿尔泰山系，都是属于被这套弧形山脉所穿插的地带。当时知道，这些弧形山脉之中，有些是大致和乌拉尔同时产生的。虽然它们之间的距离相隔很远，走向也不同，但它们之间是不是有成生的联系呢？这个具体问题的提出，实际上，是认识山字形构造的开端，也是认识构造体系的萌芽。光靠当时所掌握的事实，当然，还不能做出任何结论。这里谈这些经过，主要的目的，不在于这个设想正确不正确，而是想揭露当时如何冒着很大的危险，打开一条思路，到实践中去，认真地检验这种构造型式或构造体系的概念究竟行不行得通。

1928 年前后，在南京、镇江一带，初次发现了宁镇

名词解释

乌拉尔山脉：是俄罗斯境内大致南北走向的一座山脉，位于俄罗斯的中西部，是欧亚两大洲分界线。

字词释义

蜿蜒（wān yán）：蛇类行走的样子，也有曲折延伸的意思。

点评

可见作者的用心良苦，我们常听人说"实践出真知"，这也是作者的学术信仰与原则。

山脉这个大致东西向的弧形构造。它的弧顶位于镇江一带，向北凸出。在它的南面相当辽阔的平原中，出现一条茅山山脉。这条山脉的伸展方向，是大致南北的，它和宁镇山脉一起形成了一个构造体系。这个构造体系的特点，基本上和乌拉尔山脉及其以南的复杂的弧形山系所形成的构造体系相符合，不过方位相反罢了。到这时候，对山字形构造体系的认识，就进了一步，但还不够落实，还需要扩大范围，在野外进行大量的观测工作，看看是否在我国境内还存在这种类型的构造体系。当时为了方便工作，暂把这个构造体系的南北向的组成部分，称为山字形构造的脊柱，它前面的弧形构造带，称为前弧。

宁镇山脉—茅山这个山字形构造和横跨欧亚大陆的那个山字形构造，不仅是规模相差很大，前弧凸出的方向相反，而且还有许多不同之点。这里就引起了一个问题：宁镇山脉—茅山山字形构造究竟是自成一个独特体系，还是另一个构造体系的组成部分？只有通过更广泛的实践，才能解决这个问题。

同年，在广西台地东南西三面也发现了由复式褶皱构成的弧形山脉体系。它的弧顶位于宾阳县城东南，东翼以镇龙山—瑶山大背斜为主体，经贵县（今贵港市）、武宣、象县（今象州县）与修仁（今修仁镇）等地，再走荔浦、灌阳，抵达零陵与道县之间的紫荆山地块；西翼以大明山背斜为主体，经上林、隆山（今马山县）、都安等县，继之循都阳山背斜，往西北进入贵州境内。当时设想，这可能是一个山字形构造的前弧。当年参加工作的同事们，满以为在柳州附近应该见到它的南北向脊

点评

这说明了地质学家们精益求精的科研态度，每一次得出结论，都要一次次深入印证。

点评

还是在强调实践的重要性。我们在学习生活中也要勤动手，多思考，多行动。

字词释义

满以为：真的认为。

· 152 ·

柱，但是，事实不是这样。经过半年以后，这些同事们，在广西北部工作，才发现了古老变质岩层构成南北延长的强烈褶带，确定了构成广西山字形体系的脊柱。

此外，还发现了淮阳山脉也是一个弧形构造。它的弧顶位于湖北黄梅、广济（今武穴市）之间。它的北面就是一般称为淮阳地盾的地区。地盾的概念，阻挡了淮阳弧可能是一个山字形构造前弧的设想，也阻挡了我们认识宁镇山脉和淮阳弧的联系。在此，从地盾、地台等等观点来分析地质构造，和从构造体系观点来分析地质构造，就发生了严重的分歧。淮阳山字形构造问题，直到新中国成立以后，才算得到了解决。

在 20 年代的末期，除肯定了几个山字形构造的存在以外，还发现了其他一些不同类型的构造体系。对这些不同类型构造体系的认识，模拟实验，起了一定的作用。就当时所认识的构造类型和它们分布的范围、规律以及它们在地壳运动问题上的含义，在 1929 年做了一次总结。这个总结，概括了不同类型构造的特殊本质，明确了构造体系的概念，测定了和每一类型构造体系有关地区的构造运动的方向和方式，推断了大陆和海洋运动的主因。这样，就为地质力学初步打下了基础。

20 世纪 30 年代到 40 年代初期，是地质力学在上述基础上有所进展的时期，也是以构造体系这个概念为指导，继续地向着尚未研究过的或者尚未深入地研究过的各种具体的构造类型进行研究，找出它们各自独特的本质，修改、补充和丰富构造体系这个概念的时期。在这个时期，地质力学才开始走上了自己的道路。在地质学

名词解释

地盾：指克拉通（或地台）中有大面积基底岩石出露的地区。地盾通常具有平缓的凸面，且被有盖层的地台所环绕，它长期稳定隆起，遭受剥蚀，没有盖层，或只在局部坳陷中有薄的盖层沉积。比如世界闻名的加拿大地盾、波罗的地盾等。

读书笔记

_____

_____

_____

_____

_____

的领域中，逐步扩大了自己活动的范围，在越来越多的地区，发现了许多构造体系的定型性、定位性、定时性和在同一地区它们之间互相交错、部分重叠的关系，亦即复合的关系。

在企图进一步摸清那些构造体系特点的过程中，发现了东西构造带明显地与其他构造体系有所不同。因为它们的规模是宏伟的，结构是复杂的，并且看来它们都反复经过强烈的构造运动，影响地壳的深部。关于其他一些构造体系，在我国境内，当时显得最突出的，有华夏系和新华夏系构造。前者走向东北—西南，后者走向北北东—南南西，包括大幅度的挠曲和小型雁行排列的多字形褶皱或断裂。此外，还有规模不等的山字形构造，它们的特点在于：前弧一般向南凸出。这些不同类型的构造体系，往往显示它们对矿产分布的控制作用。例如在东西带中，有时出现某些重型矿体；在新华夏系的拗褶地带，具有沉积某种矿产资源的条件；某些煤田分布的范围也往往受山字形构造的控制；等等。

到了这个阶段，地质力学已经不能停留在光是描述构造体系的特点上了，上述的那些构造类型都要求它对它们的起源，提出合理的解释。例如多字形构造显然反映力偶的作用；山字形构造通过模拟实验和初步理论的分析，它的特征可以和平板梁在水平面上受到弯曲而发生的形变相比拟，诸如此类。其他类型的构造型式也都要求说明，在有关的地块中，地应力活动的方式。这就提出了一系列有关岩石力学性质的问题。根据野外的观测，岩层和岩块在受到地应力的作用下，有时表现弹性

点评

此处通过现象揭示本质，并举出了一系列的证据，具有充分的说服力。

点评

这说明不同学科之间，存在着互相印证、推进的密切关系，这就要求我们要用联系的观点来认知世界、接受知识。

的反应，有时表现程度不等的塑性反应。究竟是什么条件决定了同样的岩体显示这种不同的反应呢？在这里，地质力学就不得不进入弹性和非弹性力学的领域。这样，又进一步引起了一系列复杂的理论问题。要解决这些问题，很清楚，需要从事实验工作，也需要将从实验中所获得的资料和实际的构造现象结合起来，从事岩石在自然界的力学性质和应力场的分析。

点评

给出了解决问题的具体方法。

明确了上述地质力学工作的方向以后，在 20 世纪 40 年代的初期，地质力学这个名称才被正式提出来了。

1956 年在地质部成立了地质力学研究室，1960 年又改为地质力学研究所。从此，地质力学的研究工作，引起了广大地质工作者的注意，并且获得了迅速的发展。特别是近几年来，地质力学研究工作在同生产实践相结合、为生产服务的过程中，不但解决了不少生产实际问题，为社会主义建设做出了一些贡献。同时，在实践的过程中，又获得了大量的资料，证明了初步建立起来的构造体系这个地质力学的基本概念，是完全正确的。并且进一步把构造体系这个概念，落实到三大构造类型——东西向构造带、南北向构造带和各种扭动构造型式，以及每一类型共同的构造形态特征和它们独特的构造型式。现在看来，地质力学的领域是辽阔的，土地是肥沃的，大有开发的远景。

名词解释

地质力学：广义的地质力学，是指地质学和力学结合的边缘学科。

在我国，地质力学是指李四光在研究中国和东亚构造的基础上于 20 世纪 40 年代创立的一种构造地质学说。它主要是用力学的观点研究地质构造现象，研究地壳各部分构造形变的分布及其发生、发展过程，用来揭示不同构造形变间的内在联系。

二 地质力学当前的任务和它面临的问题

从上面所谈的经过来看，地质力学可以说是在我国

点评

广泛说明了地质力学研究工作的现实意义。

土地上生长起来的一门科学。在国外也有一些和它近似的学科名称，例如构造物理学、土力学、岩石力学、地力学（也可以译为地质力学）等等，可是我们的地质力学和它们根本有所不同。我们应该树立雄心壮志，刻苦钻研，在我们的地质事业中，在地质科学中，让它不断地做出自己的贡献。

地质力学当前的任务是艰巨的，牵涉的问题是复杂的。这些问题，有的在它现今的水平上，只要我们推广运用，就可以解决；有的还需要经过长期的钻研探索，才有希望得到解决。总结起来，可以归纳为三条：

（一）加强构造体系的调查研究，为指导找矿和解决某些水文工程地质问题提供依据

构造体系这个概念是怎样得来的呢？从上面所谈的经过看来，它不是凭空设想得来的，而是总结各种构造类型，特别是扭动构造型式的规律性和普遍性而产生的。构造体系是个抽象的概念，这一种或那一种类型的构造体系和一个一个具有独特形态的构造型式，才是具体的东西。没有那些客观存在的东西，构造体系的概念是无根据的，是主观臆造的，是不能成立的。

对一个构造类型的认识，总要有一段实践的过程，就是说，要依靠不断总结广泛而又细致的野外工作。认识总是有个程度问题，正确的认识往往不是一举成功的。一个新型构造类型的发现，往往免不掉要走些弯路，连确定了属于一个既知形式的构造类型，有时也要通过反复实践，才能确确实实地认清它的主要特点，即使认清了它的主要特点，那也不等于说彻底地认识了它，完完

全全掌握了它的一切特点。

各种类型构造体系的规律性，往往为我们野外工作，提供很大的方便。最大的方便，是你如若见到了一个属于某一类型构造体系的某一部分的特点，你就可以预见在某些地区或地带会有一定形式的构造现象——有时称为构造形迹出现。这种预见性，不但对我们野外工作起指导作用，同时对验证那种构造类型的存在，也具有重要的意义。预见不是百发百中的。经验告诉我们，有时我们根据一个构造体系某一部分的构造特征，就预言在某些地区会有某些构造现象出现，等到到了那些指定的地区去寻找那些预见的构造现象，它们却不见了，或者根本就不存在。在这种情况下，我们不用怪预见不灵，规律不对，而要怪我们过早地根据某些局部构造现象，对全部构造体系做了结论。这是失败的教训。通过这样的教训，我们更能够了解为什么要通过实践、认识、再实践的过程，才能得到比较正确的认识，才能最后鉴定某一个构造体系的类型。

是不是根据局部构造现象所做出的关于构造体系的错误判断，全是徒劳无益的呢？不是的。它是第一阶段认识过程的初步总结，它不一定正确，但它可能指引我们朝着认识一个新型构造体系的方向前进。通过实践，我们的眼界扩大了，我们的经验也丰富了，我们无须为此而感到悲观失望。

一个构造体系的建立，不能草率行事。根据几群构造单元组合体的共同特点和它们的排列方位等等，可以试图建立一个独特的构造体系。但这只能作为认识一个

字词释义

百发百中（bǎi fā bǎi zhòng）：形容射箭或打枪准确，每次都命中目标；也比喻做事有充分把握。

点评

这就提醒我们不要以点概面，以偏概全。

字词释义

徒劳无益（tú láo wú yì）：指付出了劳动（做了工作），但得不到任何的益处（好处）。

独特的构造体系的第一阶段。在这第一阶段认识的基础上，还需要通过更广泛的实践，才能把一个构造体系确定下来。举个例子：在西北地区存在一些多字形构造，它们曾经被总称为河西系，多少与中国东部普遍发育的新华夏系呈对称的形势。这个河西系，究竟能不能成立，还需要做大量的工作。

鉴定一个新型的构造类型，要求就更加严格了。几十年来，特别是新中国成立以来，由于地质工作者的共同努力，我们累积了一些经验，基本上肯定了若干重要类型构造体系的普遍存在。但是对它们的认识，并非处处达到了严格的要求，还需要对各个类型的组成成分和组合形式等等特点，做更详尽的调查研究。如扭性断裂和张性断裂，在野外怎样有把握地区别开来，还需要找出可靠的标准；还需要解决在同一地区发育的每一对扭断裂的配套和转弯问题；还需要在全国范围内，乃至全球范围内，明确那些既知类型的构造体系，在不同地区和不同地质时代的分布情况以及它们之间的复合关系；还需要注意寻找新的、独特的构造类型。诸如此类问题还很多，即使在现在的水平上，还需要做大量的工作。

为什么要这样严格、这样广泛、这样深入地去追求构造类型的特点、发生和发育的时代以及它们之间的复合关系呢？有两条主要的理由：（1）它们最确实可靠地反映地壳运动的规程；（2）它们在许多场合指明找矿和解决某些重大水文工程地质问题的方向。例如在一个构造体系中，断裂系统的分布规律和它们各个组成成分的封闭性或张裂性，对解决矿体勘探设计、煤矿坑道设计、储油构造的详

排比句

此处排比句的应用，强调了在肯定了若干重要类型构造体系存在的前提下，还要做大量的深入和细化工作。

点评

自己提出问题，然后紧接着分两个原因阐释，阅读起来非常轻松。

查和开发以及其他与水文工程有关的地质问题，往往具有决定性的意义。第一条在另外一些地方谈过一些，以后如有机会再谈。第二条是联系生产实践的问题。人们不禁要问，地质力学对解决生产问题，究竟有什么用处？我想，最好是让实际工作来回答这个问题。江西 908 队在这一方面的工作做得很出色。近两年来，他们运用了构造体系分析的方法，结合实际情况，终于发现了一条比较合适的道路，找到了许多矿点，并且在某些点找到盲矿体，探明了可观的储量。贵州某处，在新华夏系构造带中，S 形和帚状断裂转弯处，发现了 10 多条富集的汞矿带。吉林某地找金矿未能完成年度任务，后来据说"运用了地质力学方法"，仅在一处，就找到了纯黄金 10 余吨。青海共和县东南龙羊峡地区的构造型式分析，对建设一个大型水库，提供了基建设计必需的资料。关于广东新丰江地震问题，几年来，人们把摸清当地断裂系统的工作和微量位移以及地应力测量和地震仪观测工作结合起来，根据当地地震的起因和规律，发现了一些苗头。现在我们在这点经验的基础上，又投入了大批力量，开展了地震地质工作，为基建工作开辟道路。所有这些艰难的工作，都有我们进修班的同志参加，他们和其他同志一道，为完成国家给予的生产任务，贡献出自己的力量，并且还在继续做出贡献，这是使我们感到十分兴奋的。

（二）结合有关专业，多方面进行探索，扩大和巩固地质力学的基础

上面提出的任务，主要涉及野外工作。我们要从实际出发，这是对的。野外是个汪洋大海，野外层出不穷

点评

也就是我们平时所说的"让事实说话"。

比喻句

把野外探索工作比喻成汪洋大海，说明了野外探索工作的博大精深。

名词解释

应力矿物：有人认为，除一定温度、压力条件外，必须在有应力参加下才能形成的变质矿物，如十字石、蓝晶石、硬绿泥石等，称为应力矿物。与此相反，在应力较强时一般不出现的变质矿物，如红柱石、堇青石等，称为反应力矿物。

字词释义

尽人皆知（jìn rén jiē zhī）：全部的人都知道，比喻一件事流传很广泛，一般用作褒义词，有时也作贬义词。

的现象，归根到底，是我们向大自然做斗争的对象，那里充满着我们认识自然的泉源。可是，从我们的工作方法来看，野外观测毕竟只是工作方法的一个重要方面，我们还需要使用各种手段，运用近代科学技术中可以使用得上的各种方法，来解决实际问题和理论问题。

"应力矿物"的研究，是一种与地质力学有关的专业。这一方面的研究，与变质岩带的研究很接近，但研究的方法和目的不完全相同。如何把应力矿物的研究和结构面性质的鉴定工作联系起来，是不是有些变质岩带或构造岩带也形成定型的构造型式，值得做进一步的探索。

"绝对"年龄鉴定，作为一个专业，已经广泛地被承认了。在地质力学工作中，为什么也要搞"绝对"年龄鉴定，却不是尽人皆知的。我们搞"绝对"年龄鉴定的主要目的，在于确定一个构造体系组成部分之间的成生联系。在某些地区，一个构造体系的许多组成部分，往往穿插到时代大不相同的岩层、岩体中。在那种情况下，你怎么知道它们属于同一体系？例如对于一个山字形构造的前弧和脊柱的认识，经常遭遇着这种困难。如若用来做鉴定年龄的矿物标本，选择得当，问题是不难解决的。

岩组分析，对于岩块内部某些矿物组合条理的辨识，是长久以来行之有效的方法。那种条理，除了由沉积和热影响所产生的以外，都是应力活动在岩石中留下来的陈迹，这正是地质力学所追求的东西。如何在适当的地点，适当地选择标本来帮助构造体系的分析，还需要下一番功夫。

模拟实验，虽然不能称为一种专业，但从事这种实验，需要一定的经验，在技术和艺术方面，也有一定的要求。有些人过于轻视它，甚至菲薄它，也有些人过于倚重它，这两种看待都不切合实际。当然，很容易理解，从模拟实验中所得到的东西，例如一种构造型式，和自然界的东西不是等同的。可是，经验告诉我们，从一块泥巴、一块柏油甚至浓度很大的乳胶等物质，经受了一定的应力作用而产生的形变，或者从一块塑料在应力作用下，它的光弹性所反映的变化，在我们认许多构造型式或构造运动的过程中，确实起了相当重要的启发和辅助作用。在这里需要强调一下，我们从来不把构造型式的鉴定落实在模型上，而是要求落实在岩块或地块中出现的构造体系上。如若把模拟实验和应力场的分析工作结合起来，就更有意义了。

岩石试验，是了解岩石的力学性质，并且取得数据的手段。目前，我们还无法对广大的地区，用各种方式加力，像模拟实验那样，来进行综合性的实验。但是，我们可以用人为的方法，模拟岩石在自然界中存在的条件，对岩石试件加力，来检验它在结构上发生的变化。这种选择适当的岩石试件，在不同温度、不同围压的条件下，从事实验的工作，已经行之已久，而且就若干类型的岩石试件，取得了一些数据，例如有关它们屈服强度、破坏强度、弹性形变的限度、非弹性形变的程度、应力作用对它的电阻和传播速率的变化、浸透在岩石试件中的各种液质（如水或原油）对它的强度的影响、传热率和温差梯度在应力作用下的改变等等，在不同程度

字词释义

菲薄（fěi bó）：鄙陋，指德才等，常用为自谦之词；微薄，指物的数量少、质量差；指微薄之物；轻视，瞧不起。

假设复句

假设复句，又称假设句。指分句之间具有假设关系的复句。常用"如果……就"等关联词语表示。

字词释义

浸透（jìn tòu）：此处的意思为泡在液体里以致湿透。也可以比喻饱含（某种思想感情等）。

CHUAN YUE DI PING XIAN KAN KAN WO MEN DE DI QIU

上，反映了岩石的力学性质。但是，必须指出，试件毕竟是试件，试件对应力的反应，与自然界存在的岩石对应力的反应，不一定是等同的。怎样把实验室中从实验得到的数据搬到自然界中去应用，是个相当复杂的问题。这个问题，直到现在，还没有完全解决。

岩层中的流变现象，很明显，是岩石在地应力场中非弹性的表现。一般地质工作者，对这种现象的认识，没有问题，或者很少问题。问题在于在什么条件下，自然界的岩石发生了流变。很容易理解，高温和高压是促使岩石发生流变的重要因素。但在某种情况下，如在小型冰川的底下，温度肯定不高，压力也很可能不超过某些砾石的屈服强度，可是那里的岩石，也往往呈现流变的现象。这就迫使我们考虑到，应力，哪怕微弱的应力，在它对岩石长期作用的过程中，时间可能是导致流变发生的主要因素。这是一种揣测，也有人做了一些蠕变的实验，证明了在一定的范围以内，各种材料，包括岩石，蠕变是千真万确的事实，不过各种物质的蠕变限度不等。就岩石来说，初期的蠕变——有人称为一时的蠕变——是比较显著的，它有一定的限度。至于长期的蠕变，无限度的蠕变，究竟怎样，我们现在还没有掌握实验的资料，这一方面的实验工作，还有待发展，困难有待于克服。

古地磁的工作，在国外，绝大部分是利用某一地质时代的岩层或岩体的磁性南北向与现今当地地理上南北向的差异，来推断大陆作为一个整块转移的方向；也有时利用岩层中古地磁方向的转变，来验证有关岩层的对比。这些方法是可以使用的。但是，既然认定整块大陆

名词解释

流变现象：指在外力作用下，物体发生的变形和流动现象。研究流变的学科称为流变学。

破折号的使用

此处破折号的作用为表示解释说明，说明初期的蠕变的另一种称呼。

的转动和移动，可以由岩石磁性反映出来，那么，又怎么可以忽视，在一个地区，在扭动构造体系发生以前，各个岩带的地磁方位，在扭动以后，会发生转变的可能呢？正是这种可能性，是地质力学需要寻找的标志。地磁的变化，是极为复杂的现象，片面地利用某种关系，就对大陆块或其中一部分的运动做出结论，是不保险的。

大陆运动和海洋运动是应该在地壳运动问题中相提并论的两个方面，也是不可分割的两个方面。但是，这两个方面的问题，从现象论来说，是各不相同的。因此，首先需要采取不同的方法来分别处理，然后再把分别处理的结果联系起来，找出这两种运动在实质上的统一性。

对处理海洋运动问题来说，我们可以采取两种不同的方法。一种方法是对海底的地貌进行考察。例如在广阔的太平洋中，已经发现了许多被割切而形成的平顶火山锥，名叫盖约特，它们的平顶今天沉没在海面以下700～2000多米不等。在太平洋的沿岸，尤其是在太平洋西岸一带，也就是亚洲大陆东部边缘的海中，曾经发现了许多古河床，它们今天沉没在海面以下540～720米、1300～1500米、2000米以上的不同深度。另一种方法是对大陆上各个地质时代海侵海退的范围和规程进行调查研究。这种调查研究工作，主要要依靠古生物学方面提供化石分带的资料。化石分带的问题，也就是地层分带的问题。根据过去的经验，这方面的问题是比较容易引起争论而不容易得到大家一致的结论的。

但是，在我们的国家里，有条件进行这方面的工作，并很有可能得出不可动摇的结论。例如在华南地区，晚

字词释义

相提并论（xiāng tí bìng lùn）：把不同的人或事物不加区别地混在一起来谈论或者看待。

关联句和关联词

把两个或两个以上在意义上有密切联系的句子组合在一起，叫复句，也叫关联句。复句通常用一些关联词语来连接。"首先……然后……"是表承接关系的关联词。

名词解释

海侵：又称海进，指在相对短的地史时期内，因海面上升或陆地下降，造成海水对大陆区侵进的地质现象。

海退：指地球发生剧烈的地壳运动，大片的地壳隆起，升出海面，变成陆地，陆地面积逐渐扩大，海洋面积渐渐缩小。

字词释义

分歧（fēn qí）：指思想、意见、记载等不一致；有差别。

古生代时期，有过相当广泛的海水进退运动，同时也有过强烈的构造运动。我们需要特别注意一场强烈地壳运动前后所产生的海相地层，并进行详尽的分带工作，才能证明当时的海侵海退现象究竟是否和地球上其他低纬度地区海侵海退的现象相符合，是否显示一定的规律性。华南石炭纪和二叠纪地层，对开展这一方面的工作，看来是可以考虑的对象。

关于大陆运动是否具有相应的规律性的问题，可以从构造体系排列的方位出发，再根据岩石力学性质、构造应力场的分析以及构造位移的测定，我们就能够比较正确地得出关于大陆上区域性运动乃至大陆整块运动的主要规律。根据已经获得的事实，这条规律是：大陆整块的运动和区域性或局部性的构造运动，一般都具有向西和向赤道方面推动的方向性，各种形式的扭动构造体系，也可以归纳到这两个方向的运动，它们是在不同的地区、不同的环境下所产生的变种。

如果通过更广泛的实践，进一步加深了我们对于东西向（纬向）构造带、南北向（经向）构造带和各种扭动构造型式三大类型构造体系的方向性的认识，你就很难否定，大陆运动和区域性的构造运动与地球自转轴在方位上的联系。这种联系，不是偶然的，而是必然的。推动这些运动的主力是从哪里来的？对这个问题，还存在着意见的分歧。地质力学认为，巨大的而又集中的和一些分散的纬向、经向构造带以及大批山字形构造，都明确地显示，产生这些构造体系的动力，起源于地球自转速度的变化。关于这一点，以前已经反复有所论述，在此无须多谈。

海洋运动，对地球自转速度的变化，无疑，更为敏感。在地球自转速度加快时，全球的海面，应该相应变得更扁，就是说，两极方面，海面下降，低纬度方面，海面上升。这种海面分异运动，可能持续到大陆运动和区域性构造运动将要达到高峰的阶段。到大陆运动和区域性构造运动达到了高峰的时候和在此以后，由于大陆整块滑动而发生了"刹车"的作用，以致一部分能量消失，它的角速度就不能不变小，因此，全球海面的扁度，也就不能不相应地变小。就是说，这时候两极方面的海面相对上升，低纬度方面，海面相应下降。当然，由于大陆上区域性的升降运动而产生的局部海侵海退现象，不在此列。这种海洋运动与大陆运动和构造运动的关系，应该对上述构造运动起源论，提出有效的验证。

为什么地球自转速度会发生变化？在这个问题上，人们的意见分歧，就更多也更大了。但是，地球自转速度可能发生变化这一点，各学派都很难否认。

大家知道，地球是个尚待开发的巨大热库，它的表层地温梯度平均每百米 3℃ 上下，实际上，有些地方比这个数字大得多，有些地方比较小。是什么原因使局部地温发生异常呢？在此简单地谈一下。局部岩体的传热系数、局部构造的特征、局部地应力的活动、局部岩层中所含的可燃性物质的影响、深部温度较高的水和气局部上升对周围岩石的影响等等，都值得根据实际情况，进行探索，有可能在生产实践方面加以利用。因此，我们地质力学工作者，不应该忽视局部地热异常的问题。

因果复句

所谓因果复句，前面分句说明原因，后面分句说出结果，可分为说明因果和推论因果。此处为说明因果复句。

比喻句

本句虽然没有比喻词，但依然是比喻句，把地球比喻为一个尚待开发的巨大热库。

并列复句

此处为两个并列复句组成的排比句，关联词语是"不是……而是……"。

不管局部地热异常的原因是什么，总起来看，谁都不能否认，越到地球深部温度就越高。存在于太空中的这样一个热体，就不可避免地要失掉它的热能。但是，我们知道，地球表层岩石中含有大量放射性元素，在硅铝层中，钾、钍、铀之类，尤其普遍。因此，有些人认为，地球的体温，不是在下降，而是在上升；它的体积，不是在缩小，而是在胀大。这种看法，对地球自转速度变化的推论有很重要的关系。由于我们对地球中所含放射性物质的总量，甚至连对它们在地壳表层分布规律的无知，所以光从放射性物质发热的论点，我们很难断定地球究竟是在长期收缩的过程中，一次又一次经过膨胀的阶段，还是一直不断地在收缩。

假设复句

本段落由一系列的假设复句组成。前一个分句假设存在或出现了某种情况，后一个分句说出假设情况一旦实现产生的结果。

如若你根据上述传统的看法，主张地球冷缩说，那么，它的体积缩小，质量必然更集中，惯性动量必然减少，自转速度就必然加快；如若你主张海洋部分陷落，也会发生同样的后果；如若你主张地球内部物质不断发生分异运动，也会发生同样的后果；如若你相信地球内部发生对流，那么，当轻重不等的物质自下而上和自上而下对流的时候，它的惯性动量也不可避免地要发生变化，因而它的自转速度也不能不发生变化；即使你主张地球膨胀说，那么，胀大了的地球，惯性动量不能不加大，它的自转速度就不能不变小。这是考虑地球内部可能发生的变动，对它自转速度的影响。

还有作为一个行星的地球，它的运动，也显然不能脱离外界的影响。对它影响最显著的是离它最近的月球。大家知道，通过潮汐作用，月球只能使地球的自转速度变慢，而不能使它变快。虽然这种使它自转变慢的影响不大，但如若在地球长期存在的过程中，它继续不断地变慢，没有其他因素使它变快，它是不是会接近于停止自转？至少，在地质时代，从它的表面构造形态的变化规律、动植物群的生活状态以及冰期反复出现等等事实，还找不着它的自转速度一直变慢的征象。

斯托瓦斯所搜集的大量资料表明，第四纪以来，除了个别地区以外，极圈的海面下降，近赤道地区海面上升。这样广泛的海洋分异运动，不像是由于局部地区升降而产生的结果，而是反映了我们现在正处在地球自转速度变快的时期。月球现在正在缓慢地离开地球，这也显示地球自转速度在加快。有人认为月球是从太平洋方面飞出去的，甚至说是白垩纪时代飞出去的。这种说法，未免走到极端，看来是不符合事实的。有史以来，地球各处陆续发生了极为强烈的地震，也说明许多构造体系，还继续处在活动的状态，因此，地应力测量、地震地质的工作，特别具有重要意义。

（三）争取广大的野外地质工作者就地检验地质力学的某些概念和工作方法，并加以改进

地质力学是一门边缘科学，它的一条腿站在地质学方面，另一条腿站在力学方面。反映地壳运动的一切现象，是它考察和研究的对象。由于地壳运动而产生的一切现象，包括构造体系的规律、海洋运动的陈迹等等，是实际的东西，从地质力学整体来看，关于这些东西的知识，是它主要的内容。按照认识运动的过程来看，我们必须把那些对于客观存在的感性知识，在主观方面加

字词释义

征象：征候的意思。比如，头痛、恶心和心跳加速是煤气中毒的征象。

点评

并列复句，并列词是"不是……而是……"。

拟人

此句是拟人句。把地质力学拟人化了，描述它有两条腿。

工，精炼出理性的知识。这就需要力学出来帮助，否则地质力学只能停留在描述现象的阶段，而很难揭穿那些现象发生的内在因素。这两条腿在地质力学的领域中，各自所占的范围，虽然有大有小，但它们之间的联系是密切的。大家知道，理论是实践的总结，它又转过来指导实践。我们用力学方法来搞点理论，不是为了别的，而是为了更深入地、更精确地认识地壳运动现象，更准确地掌握它的规律。那种为理论而搞理论的做法是空洞的、无所归宿的，即使你竭尽思虑去搞，终究也是行不通的，要是结合实际去搞，那就大有可为了。

新中国成立以来，我国地质事业的发展，一日千里。地质力学这个学科也相应地得到了迅速的发展。但是，我们工作的进展还远远地落后于需要。为什么进展这样慢呢？有几条很明显的理由：第一，在我们这个号称地质力学研究所的机构里，工作做得不够，还不能够真正起到样板的作用；第二，地质力学可以说是一门土生的科学，过去，人们对土东西总不大瞧得起，搞土东西的人们，也不是经常能够充分发扬自力更生的精神；第三，由于面临着上面所说的情形，我们往往倾向于关起门来自己搞工作，即使有点心得也不大愿意向别人介绍，就是说，我们工作中有脱离群众的倾向；第四，有些搞地质力学工作的同志，对于自己的工作在生产实践方面可能发挥的作用估计不足，尤其是没有尽最大的努力，主动地同有关的生产单位密切结合起来，有效地解决生产实际问题；第五，有些同志错误地认为自己的数理基础比较差，缺乏搞地质力学的基础，即使去硬搞，也不会

✎ 点评

这里说明了理论与实践的关系。理论最终要服务实践，并在实践中得到进一步落实与检验。

✎ 因果分析法

因果分析法是写作中常用的例证分析法之一。因果分析法是指在叙述事例之后，说明事例的原因或结果与论点的关系。

有什么前途，不如不搞。

上述的一些问题，有的不存在，有的正处在逐步克服的过程中。今后，你们和其他各方面从事地质力学的同志们，一定会把地质力学更广泛地带到群众中去，更深入地带到实践中去，更密切地和生产联系起来，更好地为生产服务。当你们回到自己原来的工作岗位的时候，应当依靠组织，划出一部分业务学习的时间来，邀集一部分同业的同志，在自愿的基础上，组成地质力学研究小组，结合本单位生产实践的经验或教学的经验，对地质力学的一些基本概念和工作方法，加以讨论、检验和改进，让广大的地质工作者和即将参加地质工作的青年同志们，对地质力学中若干基本概念和行之有效的部分有所了解，有所认识。当我们向广大的地质工作者介绍我们自己的经验或自由探讨问题的时候，我们必须不骄不馁。这里是两条原则：一条是群众的实际上的需要，而不是我们脑子里头幻想出来的需要；一条是群众的自愿，由群众自己下决心，而不是由我们代替群众下决心。

字词释义

行之有效（xíng zhī yǒu xiào）：实行起来有成效；指某种方法或措施已经实行过，证明很有效用。

字词释义

不骄不馁（něi）：胜利了不能骄傲，失败了不能灰心。

我的笔记

_____

_____

_____

_____

_____

日积月累

漫谈　扼要　纷乱　假说　雄心壮志

刻苦钻研　百发百中　徒劳无益

尽人皆知　菲薄　倚重　浸透　相提并论

分歧　空洞　行之有效　不骄不馁

拓展训练

请用百发百中、相提并论、行之有效三个成语分别造句。

延伸思考

　　离李四光写这篇文章时已经过去很久了，那个时代的任务有的已经解决了，新时代又面临着新的任务，请思考总结一下：当前地质力学发展面临的任务主要是什么？

启蒙时代的地质论战

? 文前小问号

启蒙时代指的是哪个时间段？地质学界有哪些论战？

地球是宇宙中一颗渺小的星体，是太阳系行星家族中一个壮年的成员，有丰富的多种物质，构成它外层的气、水、石三圈，对生命滋生和生物发展，具有其他行星所不及的特殊优越条件。

人类生活在地球上，在地球上从事生产劳动，要了解它的历史和现状，这是很自然的，也是有必要的。"地球上"这个词，从范围看，应该包括陆地、海洋和地球表面以下一定的深度，还有在我们地球表面以上的大气层。这层大气，也是地球上部的组成部分，大气的底部，与人类的生活息息不能分离，与地球表面所发生的变化，在很大范围内有密切的联系。人类在改造自然、改进生

✎ 字词释义

渺（miǎo）小：指非常微小或无关紧要，并且常指同类事物中相比时较卑贱微不足道的；或指人格卑鄙。

✎ 拟人

此处把地球拟人化，形容它是太阳系行星家族中一个壮年成员。非常生动。

· 171 ·

点评

必然王国和自由王国，是认识论范畴的两个重要概念。必然王国是指人们对客观事物及其规律还没有形成真正的认识，而不能自觉地支配自己和外部世界的一种社会状态；自由王国则指人们认识了客观事物及其规律，并自觉依照这一认识来支配自己和外部世界的一种社会状态。

字词释义

安如泰山：形容像泰山一样稳固，不可动摇。

字词释义

不共戴天（bú gòng dài tiān）：指不愿和仇敌在同一个天底下并存，形容仇恨极深。

活的斗争中，一直在和地球的表层打交道。看来，有一种趋势，今后还要以更大的努力与大气层和地球深部不断地做斗争。关于大气层中各种问题的探索和解决，主要由气象工作者和天文工作者分别担任；地球表层和深部的探索工作，无疑属于地质工作的范围。

人类通过在地球上从事生产劳动，逐步对地球有所认识，那些认识，最初总是感性的。为了突破"必然王国"的束缚，进入"自由王国"，就首先需要掌握在上述范围内自然界不断发展的规律，才好总结自己的经验，从而把认识自然的水平提高。

地质科学大体上是在这种要求的基础上发展起来的。历史的记载告诉我们，自古以来，就有些人注意到构成地球表面那些有形的东西，不是永远"安如泰山""坚如磐石"，而是在不断发生变化。这在中国恐怕传说最早，如中国《麻姑神仙传》上就提出过"沧海变为桑田"。公元前 500 年，在希腊，哲罗芬就注意到现今海水里的螺蚌等类，在莫尔他岛上夹在远远高出海面的崖石中。其他，如宋代（十一二世纪）的沈括、朱熹，意大利的达·芬奇（十五六世纪）对海陆的变化，都提出了更具体的地质现象做证。所有这些，都是一些粗略的概念，而没有成为地质科学开始发展的基础。

近代地质学，可以说是从西北欧那个小天地之中开始发展起来的。当地当时极顽固的宗教势力，对自然科学，首先是地质科学，跟着就是生物进化论，是不共戴天的。当时的宗教尽管经过了一度改革，那些宗教权威还是死死抱着一种传统的迷信来迷惑广大的人民群众，在意识形态上、在政治上巩固他们的统治地位。他们说：世界是公元前4004年，上帝用了6天的工夫一手创造出来的。而地质学家和古生物学家，发现了愈来愈多的事实，与上述宗教的迷信是格格不入的。不仅格格不入，而且科学家的观点是为宗教所不允许的。这样，就发生了科学，首先是地质学与宗教的一场你死我活的斗争。宗教势力在西方的封建主义及随后的资本主义世界中，有悠久的根深蒂固的传统，到了今天20世纪将要结束的时候，在西方，宗教势力的影响也并没有肃清。

当地质学开始发展的时候，对地质现象进行探索的主要任务，都是立足在他们所见到的事实上而从事劳动，他们的大方向基本上是一致的。教会把他们这些人都看作是"异端"，把他们的话都当作"邪说"；而他们彼此之间，却因为观点不同，对同样的现象认识不一致，形成了"水成论"和"火成论"两大学派。

一　火成学派对水成学派的斗争

以德国人维尔纳为首的水成学派认为：地球生成的初期，其表面全部为"原始海洋"所淹盖。溶解在这个原始海洋中的矿物质逐渐沉淀，从这些溶解物中，最先分离出来的东西是一层很厚的花岗岩，它铺在表面起伏不平的地球"核心"部分上面，随后又沉积了一层一层的结晶岩石。维尔纳把这些结晶岩层和其下的花岗岩，称为"原始岩层"。他认为"原始岩层"是地球上最老的岩石。他又认为，由于后来海水一次又一次下降，露出

字词释义

根深蒂固（gēn shēn dì gù）：比喻基础稳固，不容易动摇。也写作"根深柢固"。

双引号的使用

此处双引号的作用为表示否定与讽刺。也就是说，并不是真的异端和邪说，而是教会对地质研究工作的污蔑。

点评

条理清晰地介绍了水成学派的主要观点。

字词释义

炽热（chì rè）：
极热，温度极高；
（情绪等）热烈；
烧热。

点评

这说明了眼界的重要性。我们常听人说"读万卷书不如行万里路"，走出去，博闻广识才能突破认知的局限。

水面的、由原始岩石所形成的山头，经过侵蚀又形成了沉积岩层，他把这些沉积岩层称为"过渡层"。他认为，"过渡层"以上含有化石的地层，都是由"原始岩层"变相而产生的东西。他坚持其中所夹的玄武岩，是沉积物经过地下煤层发火而烧成的灰烬，不是岩流。1787 年冰岛（大西洋北部）炽热的玄武岩大量爆发，铺满大片地区，当时在西北欧，人们认为是轰动世界的大事。在这次大爆裂发生 20 多年以前，得马列已经在法国中部一个采石场里，发现了黑色的典型玄武岩，他跟着这个玄武岩体一步步地追索，直到达到一个火山口。这一发现完全证明了玄武岩就是火山爆发出来的岩流。这个事实，给了水成论点以严重的打击。得马列经常不愿意和反对者争论，只是说："你去看看吧。"然而，水成论者还是围绕着维尔纳，坚持他们的论点，始终认为玄武岩不是熔岩凝结而形成的，而是采用了其他不大合理的解释。

维尔纳是当时最有威望的矿物学家。他亲身采集的矿物种类很多，鉴定分类工作也是丝毫不苟。他对他的学生也是非常认真、非常严格，可是他的性格是异常顽固的。他住在德国的萨克索尼地方，在一个小矿业学院里从事教学工作。他家境贫寒，没有资金到远处去看看，所以他所见到的地质现象仅限于萨克索尼地区的地质现象。对地质现象的解释，当然也受到了萨克索尼那个地区的限制。就萨克索尼地区来说，他的论点，大致也可以过得去。

以英国人哈屯为首的火成学派认为：由多种矿物结晶，包括石英所组成的花岗岩，不可能是矿物质在水溶液中结晶出来的产物，而是高温度的熔化物经过冷却而形成的结晶岩体。由于花岗岩在地球表面的岩石层中占基础的地位，所以花岗岩的生成问题就和地球上岩石的生成问题，也就是地球发展历史的问题，在很大的程度上是分不开的。火成论者进一步从这种花岗岩母体的边沿部分，找到了许多由它分出的结晶花岗岩脉插入周围的岩石之中，认为石英这一类矿物绝不可能溶在水中，怎么可能从水溶液中结晶出来呢？他们更进一步察觉了和花岗岩体或岩脉接触的岩层，往往很明显呈交错和胶着的状态，这就更证明了高温熔岩侵入的作用。另外，火成学派经过仔细的察看，组成玄武岩的矿物颗粒，也大都是从熔化状态下受到冷却而结晶的产物。诸如此类的事实，对水成学派的论点都是不利的。

哈屯这个人的性格比较温和，不像维尔纳那样顽固，没有做出像维尔纳那样公开顽强的表现，虽然他在内心对他那一派的观点是很坚定的，但在他的生前，人们很少注意到他所提出的问题。哈屯这一派受到的压力，不仅来自水成学派，而且由于哈屯的观点比水成学派更不利于宗教传统的信念，这就受到宗教很严酷的迫害。还有一个原因，就是哈屯学派转入了下一场激烈的斗争，即渐变论和灾变论的斗争，而宗教势力对渐变论的观点是痛心疾首的。

从地质科学的发展历史来看，在这个发展初期的阶段，水成学派和火成学派都做出了一定的贡献，在近代科学萌芽的阶段，他们在不断的斗争中，陆续地把地质科学向前推进。

读书笔记

_____

_____

_____

_____

_____

字词释义

痛心疾首（tòng xīn jí shǒu）：多指对人或事的痛恨，也指对自己所犯错误的悔恨。

点评

这非常符合波浪式前进、螺旋式上升的科学发展规律。

当时斗争的激烈情况，可以从下述故事得到一点印象。在苏格兰爱丁堡一个小山上的古城下，两派开了一次现场讨论会，彼此互相指责和咒骂达到了白热的程度，结果用拳头互相殴打一场，才散了会。散会以后，在愈来愈多有利于火成学派观点的事实面前，在地质学中占统治地位的水成学派内部逐渐瓦解，一向坚决支持维尔纳的门徒也一个个溜走了，最后以水成学派的完全失败而告终。这样，人们对地质现象的认识就大大地提高了一步。

二　渐变论对灾变论的斗争

以法国居维叶为首的灾变论学派认为：过去世界上一次又一次发生过灾难性的大变化，经过每一次灾变，世界的景象突然改变。例如过去有过洪水时期，在这个时期，到处洪水泛滥，山川原野和一切景物都改变了面貌，生物大批灭亡，经过这样一次毁灭性的变化以后，一个新的世界又重新出现。灾变论者指出：像1765年毁灭意大利的庞培和赫尔丘兰纽姆那些巨大的繁荣城市，活活地把千千万万人埋在横扫一切的岩流之下。当时，在西欧广泛引起了极端的恐怖。灾变论者抓住这些事实，于是纷纷议论，说既然在意大利的一个地区现在有这样的事实发生，难道在全世界更古的时代，就没有发生过规模更大的火山爆裂、白热岩流广泛流注，造成更可怕的灾难吗？如若灾变论者当时知道，在印度西部，大约在始新世时代，在中国西南部，石炭二叠纪时代，地下

字词释义

瓦解（wǎ jiě）：瓦片碎裂，比喻崩溃或分裂、分离。

点评

和历史上的这些灾难事件比起来，生活在今日世界上的我们，是多么幸运啊。忆苦思甜，我们应该珍惜美好的生活。

点评

这样的推理，也不无道理。

突然有大量玄武岩迸出，范围之大远远超过了毁灭庞培那一次的火山爆裂；如若灾变论者当时知道，在人类已经出现的时期，在世界上不止一次出现了厚度达几百米乃至几千米的冰流，填满了山谷，覆盖着原野，形成一望无际的冰海，这个冷酷的景象，给人类和其他生物带来的灾难又是来得多么突然！多么可怕！我们今天追索地球上一切景物变化的过程，还可以代替灾变论举出其他不少毁灭性的变化来支持他们的观点。例如，在地层中，我们往往发现古生物群忽然而来、忽然而去等等。

另外，还值得提出的是，灾变论者指出了洪水为灾以致生物的大批死亡，这很接近圣经上所提的洪水为灾的故事，因而得到了宗教势力的支持。

灾变论者指出了地球上突然发生的巨大变化，这对人们认识自然现象有一定的激发作用；而他们片面地强调这些现象，好像大自然的变化是没有秩序，没有规律，这又对人们认识自然所需要的科学态度无所启发。

渐变论的倡导者，实际上也是以哈屯为首。在他和水成论做斗争的年代里，他愈来愈清楚地认识了地球的自然变化是极其缓慢的。现在是这样，过去也不外乎这样。哈屯认为，我们只能根据现在在世界上发生的一切，来了解和追索过去发生的一切，他认为这是很现实的。什么世界时时受到超自然灾难的设想，对哈屯来说，简直是神秘不可思议的。他对于这一点的信心，最好是用他自己的语言表达出来，他说，推动自然现象"除了对于地球是自然的力量以外，再没有别的力量可以适用，除了在原理上我们所知道的行动（指自然界）以外，再

点评

作者客观评价了灾变论者的观点，有利有弊。

字词释义

不可思议：形容对事物或言论无法想象、很难理解。

没有别的可以许可"。哈屯毫不含糊地指出：现在地面上的山谷原野，并不是一成不变，而是逐渐消耗剥落成为泥沙、石子，被流水带到海里成层地积累起来，这些东西要是固结了就和陆上的岩层一样，积累是非常慢的。陆上那么厚的岩层应该代表多么长的时间！这就对地球的过去打开了几乎难以置信的漫长历史，这个漫长的地球历史时期，自然力流行，看来没有什么和今天不同。

哈屯的论点，在他年轻时虽然没有引起人们的注意，但到了他的晚年即 18 世纪的末叶，人们关于地层的知识一天比一天丰富起来了，因此灾变论也就无形无影被渐变论代替了。特别是 18 世纪后期，英国的施密斯在他开掘运河的工作中，取得了大量有关地层资料，运用化石划分地层、对比地层。根据化石的种类，不仅在西北欧那一小块地方建立了地层发展的程序，从而揭开了漫长的地质历史，而且这一方法的运用扩展到了世界的许多地区。

19 世纪中叶，莱伊尔的名著《地质学原理》一书，总结了到他那个时代为止的经验，提出了渐变论这个名词。他把对矿物、岩石、地层、古生物等方面的研究，都纳入了地质科学的领域。他第一次把维尔纳的"原始岩石"中的结晶岩层分别出来，称为变质岩类。"变质"这个词，明确地显示着一切变质岩类，都是由普通的沉积岩层经过高压和高温的作用，发生了结晶和再结晶而形成的。后来的工作，证明了莱伊尔的看法是基本正确的。

莱伊尔对火成岩的组成和形态做了分析，指出了它们在许多地质现象中，并不像火成学派与水成学派激烈

点评

这说明人们对新事物和观点的接受是需要时间的。我们应该相信时间的力量。

读书笔记

论战时那么重要。从莱伊尔的著作中可以看出，地层中所含的化石，是追索地球历史发展过程的主要资料。莱伊尔的这个观点，奠定了现代地质科学发展的基础。可以说，100多年以来，全世界的地质工作基本上是以地层学为主导的。人们在这里、那里，在这个时代、那个时代，发现了火成岩的活动、地质构造运动和生物世界层出不穷的变化等等，都是在很大的程度上与地层学和古生物学的发展分不开的。

为了寻找矿物资源，在世界上许多地区设立了地质调查机构，取得了大量的地质资料，特别是有关地层的资料，这就大大地扩展了地史学的领域，大大地丰富了它的内容。但是，由于100多年来，人们对地质现象的认识和采用的方法，基本上是以地层所提供的资料为主导的，这样做，固然发展了地质学，但也束缚了地质学的发展。地层的记录，无论在哪个地区，总是残缺不全的，即使把全世界各处保存下来的地层全部拼凑起来，也不能反映地质时代的全部历史，而地质时代的历史，仅仅是地球历史极短的、最后的几页。

在这100多年来，现代的地质科学没有重大的跃进，但也发现了一些极堪注意的大问题，至今还没有得到解决。现在，把这些重大的问题分篇扼要地叙述一下。

点评

由此看来，莱伊尔的观点非常重要，具有划时代的意义，值得我们进一步了解。

字词释义

层出不穷：比喻事物或言论接连不断地出现，尚未穷尽。

转折复句

转折复句，是指后一分句的意思不是顺着前一个分句的意思说下去，而是说出同前一分句相反、相对或部分相反的意思来。

日积月累

渺小　安如泰山　坚如磐石　不共戴天

根深蒂固　炽热　不可思议　层出不穷

✎ 我的笔记

_____

_____

_____

_____

_____

拓展训练

迄今为止，你学到了哪几种双引号的用法？请列举出来，并举例说明。

延伸思考

为什么关于同一个问题，不同的专家会有不同的观点？通常情况下，造成人们意见分歧的因素有哪些？

地质时代

？文前小问号

什么是地质时代？其划分依据是什么？

一　地质时代的划分

所谓地质时代，并没有严格的界线，一般是从最老的地层算起，直到最新的地层所代表的时代。最老的地层，当然包括变质岩层；最新的地层不包括冲积层。

广泛的实践经验证明，除了变质岩以外，许多不同时代建造的地层往往含有不同种类的化石，其中经常可以找出若干族类、种类只出现于某一段地层或者仅限于某几层地层。根据这种普遍存在的现象，在每一个地区从事地质工作的人们，经常注意在地层中寻找化石或者化石群作为标志来和其他地区的地层对比。有些化石是很特殊的，在上下地层垂直分布的范围很小，而在全世

✐ 点评

开篇就紧扣题目，给出了地质时代的明确定义。

条件复句

条件复句是指前一个分句提出一个条件，后一个分句说明这个条件一旦实现所要产生的结果。

字词释义

各自为政（gè zì wéi zhèng）：各自在职权范围内按照自己的主张行事，不互相配合；也比喻不考虑全局，各搞一套。

双引号的使用

此处双引号的作用为表示着重论述的对象。

界的水平分布却很广。不管在各处的地层的岩石性质是否相同，只要它们所含的化石或化石群相同，它们的地质时代就是相同或大致相当的。这样一来，古生物化石的研究就成为划分地层的重要途径。

尽管在古代，宗教徒对化石公然提出了一些诡怪的说法，然而那种迷信很快就被古生物学揭穿了。

这样，从发展过程的历史来看，古生物学和地层学是密切联系着的两个学科，但是就在它们发展的过程中，发生了争论，形成了两派：一派主张，古生物学和地层学应该合起来搞；另一派主张把古生物学分开，让地层学站在一边，而由古生物学自己根据生物进化的过程建立一个独立的学科。这两派有时争论很激烈，有时也按传统习惯"各自为政"，到今天形势还是这样。

不管怎样，利用古生物遗迹和遗体来划分地层，在世界范围内，对地质的历史已经做出了很大的贡献。而地层在层序上，在阐明上下的关系，也就是新老的关系上，对古生物某些种族的发展过程，也提供了确实可靠的依据。

含有古生物遗迹或遗体的地层，只限于全部地层较新的一部分。这个较新的一部分，已经根据上述的观点，划分为若干时代的产物。但是，现在已经发现了，还有很厚一段较老的地层基本上不含化石。那就需要用其他的方法来鉴别它们产生的时代。未变质或浅变质的较老的地层，在中国叫震旦系，最厚达一万多米。但是，这个名词，在国外有的用，有的还固执地不用，统称为前寒武纪；而我们国家搞地质的也有一种跟外国传统走的倾向，也跟着叫前寒武纪，而不叫前震旦纪。

自从某些物质蜕变现象被发现以来，人们就利用某些元素，特别是铀、钍、钾等的蜕变规律来鉴定地层的年代。因为，用这个方法，可以求出地层中或火成岩体中原来所含蜕变矿物存在的年龄，所以，一般称为绝对年龄鉴定法。实际上，所谓绝对年龄，并不是绝对的，它只提供一个概略的数字。因此，这个名词不恰当，最好称作同位素年龄鉴定法。

二　地质构造运动的时期问题

地层并不是在水里或陆地上一层加一层平铺上去的东西，而是在它们形成的某些阶段、某些地带发生了程度不等、方式不同的运动。这种机械运动，只要达到了一定的强度，就从参加运动中的地层的特殊结构反映出来。运动以后，受影响的地层，就不再是一层一层平铺上去了，而是发生规模不等的挠曲、褶皱、断裂等等现象。同时，有些地区，由于受了挤压的原因或地下深部隆起的原因，上升成山岳；另外一些地区平缓地下降成为洼地、湖沼或为海水所淹没。在山岳地带，由于大气中的侵蚀作用，高山逐渐被剥落，乃至夷为平地；而在低洼地区，就接受那些剥落下来的物质，如石块、泥沙之类，暂时地或永久地停积下来。经过了这样一次地质构造运动以后，如果大面积地区又被淹没，那么在被削平了的挠曲、褶皱的地层上面，又会沉积一系列平铺的岩石。这些，新沉积的岩层和其下老岩层不整合的关系，就标

点评

　这说明地层的形成并不是静态的平铺的过程，而是动态的复杂的过程。

字词释义

　夷为平地：指铲平使成一块平地或指把地面以上的物体全部摧毁。

志着在某一个地质时代，地球上某一地区或地带发生过比较强烈的运动。有时，在这种运动发生的时期，在有关的地区往往有不同形状的火成岩侵入，同时那些侵入体有时带来了各种有用的矿产，这一切，当时也被削平了，也为新地层所覆盖。

上面所说的现象，是在地球上许多地区经常见到的现象，它们对有关地区的地质发展过程，也就是那个地区的地质历史是具有极其重要意义的，这一点没有问题。问题在于：

（1）究竟这一段历史发生在什么时代，就是说在不整合面的上面的地层和下面受了短期或长期侵蚀的地层，能不能依靠古生物的鉴定，或者同位素年龄的鉴定来找出确切的答案？一般，确切的答案是很难得到的。

（2）在不整合面代表一个长期受侵蚀的情况下，难道不会在这个受侵蚀的时期中，在不整合面上，有个时期被水淹没过，也停积过沉积物，后来，由于上升露出水面，又被侵蚀掉了？这样的过程，就没有地层的记录可考，我们不能排除这种情况的可能性，也不能排除这种事情反复发生过几次的可能性。中国北部，奥陶纪地层和石炭纪、二叠纪地层之间，有很长的时期，缺乏地层的记录，这就是很好的一个例子。

（3）既然侵蚀的时间不能确切地鉴定，那就很难把在某一个地区发生的某一次运动和另外一个地区发生的某一次运动，严格地联系起来作为同一运动看待。特别是那两个地区相隔很远，对比起来就更没有把握。

但是，100多年来，世界各地的地质工作者，趋向

字词释义

侵蚀（qīn shí）：意为逐渐侵害使变坏；岩石经自然侵蚀风化。

例证

例证法在议论文中用得最多最广。它也是卓有成效的一种推理方法。因为任何观点不能孤立存在，而事实胜于雄辩，用确凿、典型的事实来证明观点，会增强文章的说服力。

184

于共同的认识，他们认为各地质时代中，地球上发生过几次强烈的运动，而每次强烈运动大体上是同时的。这里，我们需要追索一下这个概念形成和发展的过程。那几次巨大的运动，最初主要是根据西欧那个局部地区的地质条件定下来的，后来把它推广到世界上其他许多地区。事实上，在逐步扩大范围的过程中，在时间对比的问题上，已经引起了不小的争论。

尽管这样，最初的那个概念，一直占着统治地位，传到了俄国，也传到了中国。所以，在中国的地质工作者，也就认为在我们的国度里也有什么加里东运动、华力西运动和阿尔卑斯运动三次极其强烈的运动，也就不知不觉地套用了什么加里东等等的名称，所以在地质工作者之间往往就发生这样毫无意义的争论。譬如说，秦岭这条山脉，你说是加里东运动形成的，他说是华力西运动形成的，诸如此类。这就说明一个问题，我们地质工作者，把外国的东西生搬硬套，用来解决中国地质上的问题，这样就带来了严重的错误和巨大的损失。

事实上，根据中国地层发育的情况和其间不整合的关系，新中国成立以来，我们已经证实了一些规模巨大的运动。譬如说，燕山运动（在中生代时期）、吕梁运动（在前震旦纪时期）等等的存在，而这些运动在欧美等地区就不那么显著。甚至，从那里地层发育的现象得不到证明。反过来说，阿尔卑斯运动（时间是在第三纪的中叶）在欧洲的南部，确实是很激烈的，而在中国就见不到同时发生的强烈运动的痕迹。

以上所说的这些运动，都是指运动的时期或局部的

读书笔记

点评

从这里我们可以看到生搬硬套的危害性，一定要注意外来思想理论与本地实际情况的结合。

学习上也这样，适合别的同学的学习方法不一定适合我们。

方向，很少涉及在每次运动波及的范围内所造成的构造型式。关于这一点的重要性，另有论述。

三 地槽和地台问题

同一个时期的地层在地理条件不同的地区，构成它的沉积物的性质和厚度往往不大相同。就地层的厚度来说，有的地区从零到几米或者仅仅几厘米，而在另外一个地区厚度可以达到几十米或几百米；就沉积物的性质来说，在某些地区是泥砂层或石灰岩层之类，而在另外一些地区主要是粗、细砂砾岩层，煤层或夹若干石灰岩层等类的物质造成的。这种在地面上沉积物的变化，一般可以用地形隆起、低洼，沉没在水中或海中的深浅来加以说明。不过，通过这样的解释，来说明同一地质时期所产生的地层的变化，是有限度的，是一般性的。

1859年霍尔在北美东部阿帕拉契亚山脉的北部，发现了受过强烈褶皱的古生代浅海相地层，其厚度共达12公里以上。就是说，比在阿帕拉契亚山脉以西的同一时代，几乎无褶皱的岩层，厚10倍到20倍。既然那些沉积物是浅海的产物，那么它们的产生必然是由于它们沉积的地带，边沉降、边沉积而造成的东西。后来，在那一带浅海沉积中，又发现了夹杂着火山岩流之类的复杂岩层。1873年，达纳进一步调查研究了这种现象，他把这样长期的沉降带和其中的沉积物，统称为地向斜（中文译名为地槽）。达纳以后，在世界其他地区，又发现了不少主要由浅海沉积物形成的厚度很大的狭长地带。在这样的地带积累起来的沉积物，必然是那个地带边下沉、边沉积而产生的。地槽这个概念，也就逐渐普遍地被接受下来了。其中，显著的例子就是北美西部的柯迪勒拉地槽，南美西部的安第斯地槽，欧洲的阿尔卑斯地槽，欧亚分界的乌拉尔地槽，中国的祁连山、秦岭地槽，等等。

人们对地槽的认识，在地质构造现象中，确实提出了一个比较重要的问题，但是，也引起了一些疑问。首先是地槽的概念，不是那么明确。因此，在推广这个概念的过程中，就出现了各式各样的地槽，有的甚至与原来认为是典型地槽的特点并不符合。这还是次要的事情，更重要的问题是在地球上为什么发生了那些"地槽"？讲地槽的人们，好像认为地槽是天生的，不允许过问它的起源。<u>科学工作者，对世界上的万事万物就是要问个为什么，闭口不谈地槽的起源，是非科学的。我们毕竟要问，每个确实存在的"地槽"，它为什么恰巧出现于它所在的地方？为什么所有地槽都占有一个长条形的地带？为什么经常有和它相伴随的、相反相成的隆起地带？</u>这种隆起地带有时夹在地槽中间，有时靠近地槽的一边。当然，这些隆起地带由于受到侵蚀，现在或者已为平地，或者是和地槽中的沉积岩层一起转入了强烈的褶皱。有些人把这些伴随地槽的隆起地带称为地背斜，这个名称，恰好是和地向斜相配合的。根据这一类事实，如果我们把地槽和伴随它的地背斜，当作大陆上某些地带发生的巨型挠曲、褶皱看待，看来是合理的。就是说，地球上大中小型的褶皱，在实质上基本是相同的，其不同之点，只是规模的大小，这样看问题，我们就可以把地向斜（地槽）、地背斜和其他大小型的向斜、

读书笔记

————————

————————

————————

————————

————————

————————

点评

即使我们的理想不是成为科学家，我们也应该具备这种喜欢提问的科学家精神，这对于我们全面、深入地获得知识、探索世界是非常有帮助的。

CHUAN YUE DI PING XIAN KAN KAN WO MEN DE DI QIU

点评

通过作者的这一总结性结论，我们对不可知论、反科学有了初步的印象。

名词解释

地台：即地台区，指地壳上构造活动微弱、相对稳定的地区，垂直运动速度缓慢、幅度小，沉积作用广泛而较均一，岩浆作用、构造运动和变质作用也都比较微弱。

双引号的使用

前一个双引号的作用是表示特定称谓，后一个双引号的作用是表示否定与讽刺。

背斜同样当作地壳形变现象处理。那种把地槽看作地球上特殊的、不需要过问起源的、天生的形象的论点，是不可知论，是反科学的论点。

地槽以外的地区，往往存在着褶皱甚为平缓，除了整体略微上升下降以外，看不出什么显著运动迹象的稳定地块。在乌拉尔山脉西侧广大的地区，就是属于这一类型的地块。俄罗斯的地质工作者们抓住了这一特殊现象，称它为俄罗斯地台。以后，他们在乌拉尔以东，又发现了一大块平地，叫作西伯利亚地台。从此，他们又推广了地台这个名称，一直推到中国来了，称中国这个地区为中国地台。其中又分为若干个较小的地台。经过长期的地质工作和比较深部的探测，人们在地台策源地的俄罗斯地台下面，发现了相当强烈的褶皱和火成岩的活动。而西伯利亚地台区，表面尽管平缓，下面的地层在有些地方褶皱也是非常剧烈的。在中国，全国范围内地层的褶皱，一般都是比较明显的，而在很多地带又是极为强烈的。所以在套用了中国地台这个名称的基础上，不得不把各式各样的地台，越划越小，在中国的大地构造中，就出现了许多这个、那个地台，而在这个、那个地台中又发现了褶皱带和断裂带互相穿插的情况，又创造了一个新学说，叫作"地台活化"论。请看，"地台活化"了，那还叫什么地台呢？这一个小小的例子，本来不值得一提，但是从这里可以看出，西欧和苏联地质学界的这种主观主义和形而上学的观点，是怎样深深地影响着一部分中国地质工作者的，这就不是一个小事情。

四　沉积矿床

各种沉积层中的沉积物，有的具有工业价值，有的还没有找到工业上的用途。具有工业价值的沉积物，有的单独成层夹在普通岩石之中，有的工业矿物成薄片和普通岩层夹杂在一起，有的和普通岩石颗粒混杂在一起。关于成层的沉积矿床，最普通的例子有煤、铁、铝、磷、硫、岩盐、钾盐、石膏及其他盐类等等。关于夹杂或混杂在岩层中的沉积矿床种类甚多，在岩层中聚集或分散的形式往往大不相同，这种夹杂或混杂在岩层中的有用矿物，绝大部分是从原生矿床或含有那些有用矿物的古老岩石，经过侵蚀、风化和天然的分选而来的。这种类型的矿床，最值得注意的有含铜砂岩，含磷、含锰的岩层，含金、含铀的砂砾岩以及其他稀有金属、稀土元素、分散元素，等等。

以上是指由固体的矿物形成的固体矿床。其次，还有一些液体和气体的有用矿物质资源存在于岩层中。因为构成岩层的矿物颗粒之间，经常有大小不等的空隙，液体或气体往往充填这些空隙，其中具有最重要工业价值的液体和气体，就是大家所知道的石油和天然气。地下水也是夹杂在岩层中极其重要的成分。在某些地区，特别是干旱和盐碱地区，地下水对广大人民群众的日常生活和社会主义工农业建设，都是一种必不可少的资源。而在另外一些地区，如某些矿山开发的地区，它又可能造成灾害。

由于石油、天然气和水的特殊重要性，以及它们在

并列复句

并列复句是指两个或两个以上的分句分别陈述几种事物，或者几种事情，或一种事情的几个方面，分句之间是平行相对的并列关系。

点评

干旱和盐碱地区的土壤特征为"瘦、板、生、冷"。"瘦"即土壤肥力低，营养元素缺乏；"板"即土壤板结，容重高，透性差；"生"即土壤生物性差，微生物数量少、活性低；"冷"即地温偏低。

地下的流动性，地质工作者必须不断总结野外观测和实验的经验，通过实践、再实践来阐明这些矿物质的分布、动态和集中的规律，查明它们集中的地带和地区，分析它们的组成成分。显然，我们需要用特殊的方法来处理有关这一类资源的问题，与固体矿床的处理方法有所不同。就石油来说，我们首先应该根据地质和古地理条件来寻找哪些地区具有有利于生油的条件。所谓有利于生油的条件：

（1）需要有比较广阔的低洼地区，曾长期为浅海或面积较大的湖水所淹没；

（2）这些低洼地区的周围需要有大量的生物繁殖，同时，在水中也要有极大量的微体生物繁殖；

（3）需要有适当的气候，为上述大量的生物滋生创造条件；

（4）需要经常输入陆地上大量的泥、砂到浅海或大湖里去，这样，就可以迅速把陆上输送来的有机物质和水中繁殖速度极大而死亡极快的微体生物埋藏起来，不让它们腐烂成为气体向空中扩散而消失。

石油生成的论点很多，直到现在还莫衷一是。不过，大体上看来，上面的观点可以说是大致符合实际情况的。这仅仅是就石油的生成，也就是它生成时，当初分布的主要特点和一般情况而言。在这种分散的情况下，生产出来的点滴石油混杂在泥、砂之中，是没有工业价值的，必须经过一种天然的程序，把那些分散的点滴集中起来，才有工业价值。这个天然的程序，就是含有石油的地层发生了褶皱和封闭性的断裂运动。

点评
石油的生成需要这么多的条件，能同时满足这些条件的地区世界范围内并不多见。

字词释义
莫衷一是：不能决定哪个是对的。形容意见分歧，没有一致的看法。是，意为对、正确。

所以，我们找石油的指导思想：第一，要找生油区的所在和它的范围以及某些含有油气苗的征象（关于这一点，不是经常可以找到的，如果石油埋藏和封闭得比较好的话）；第二，进一步查明适合于石油、天然气和水聚集的处所，石油工作者称那些处所为储油构造。

我的笔记

日积月累

诡怪　各自为政　夷为平地

侵蚀　譬如　莫衷一是

拓展训练

请你根据本文内容，写一段话，简单说明一下石油生成需要满足的条件。

延伸思考

你知道世界上哪些国家或地区富含石油吗？

古生物及古人类

❓文前小问号

古生物和古人类的关系是什么？最早的古人类是长什么样子呢？

字词释义

破天荒：指以前从来没有出现过的事，或第一次出现的事。

名词解释

变质岩：由变质作用所形成的岩石。是由地壳中先形成的岩浆岩或沉积岩，在环境条件改变的影响下，矿物成分、化学成分以及结构构造发生变化而形成的。

一 原始生命形态的遗迹

（一）

地球上出现有生命的物质，是地球发展史上破天荒的大事。最原始的生物是在寒武纪以前的时代开始出现的。那些原始生命形态的遗迹（化石）被保存在寒武纪以前的古老地质时代所形成的地层里面。

寒武纪以前所形成的地层，概括地说，可以分为两大部分。一部分为古老的变质岩系，包括变质沉积岩以至变质极深的各种结晶片岩及各种混合杂岩等。这些古老变质岩的形成是从二三十亿年或更多的年代以前开始的。覆盖在那些古老变质岩系上面的，是时代较晚的轻微变质或基本上没有变质的沉积岩系。这一套岩系在我国发育完整，分布广泛，故名为"震旦系"，其所代表的时代则称为"震旦纪"。震旦纪大约开始于10亿年前，其延续时间约达4亿年之久。在震旦纪地层上面的，就是寒武纪的地层了。

寒武纪的地层是最早的含有丰富生物化石的地层。它含有大量的动物化石，如三叶虫、腕足类及古杯海绵等。有一些古生物工作者认为：这些大量的和较高级的动物不可能是骤然发生的，一定在它们之前，还会有和它们相类似但较为低级的动物，代表在它们之前的发展阶段。这些更早的动物一定是生活在寒武纪以前的时代。为了证实这个想法，人们曾做出不断的努力，要从寒武纪以前的地层中找到化石。

如前所述，寒武纪以前的那些古老变质岩系，经过多次强烈地壳运动，以致支离破碎、结晶变质，即使当初含有生物遗体或遗迹，也必然被摧毁，极难从其中找到可以鉴定的化石。但以后在那些古老变质岩系的上面，发现了震旦纪的地层（在外国也找到与我国震旦纪地层相当的岩系），它是基本上没有变质的沉积岩系，厚度有时达到数千至一万多米。震旦纪岩系的发现，燃起了人们寻找寒武纪以前的化石的希望。

有人曾根据生物的发展观点，将已知的寒武纪的动物加以分析概括，从而推论出寒武纪以前的动物群应该是由无壳的原生动物、硅质海绵、原始腔肠类、环节蠕虫、无铰的腕足类以及某种类似三叶虫但更原始的节肢动物所组成。但多少年来，在世界各国的寒武纪以前的地层（包括震旦纪地层）中所搜寻到的，只是残缺而贫乏的原始生命形态的遗迹，远不足以证实这个推论。

（二）

在震旦纪的石灰岩及白云岩中比较常见的，是具有同心圆构造的化石。大多数古生物工作者认为它是蓝绿色藻类的群体的钙质分泌物，故又把这种藻类叫作钙藻。

1922年我国地质工作者在北京西北的南口地区考察地质，通过仔细观察，明确了钙藻中的"中国聚环藻"在震旦系南口灰岩中的层位，并发现了另外两个新种，以后被分别定名为"筒状聚环藻"及"棱角聚环藻"，1924年我国地质工作者又在长江三峡地区发现相同的钙藻化石。以后在我国华北及西部不少地区的震旦纪石灰岩中，都陆续找到这类化石。

华尔科于1906年在美国蒙大拿州的柏尔特系（相当于我国的震旦系）地层中采集并描述了钙藻的许多新种。据雷蒙的意见，其中有些是可疑的，可能是无机质的结核。

最古老的原始植物化石为一种细菌，是在美国密执安①州休伦系（大致相当于我国的滹沱系）的铁矿层中发现的，呈杆状，在高倍显微镜下才能看见，很像现代的"衣细菌"。据说是铁细菌的一种，能将水溶液中的铁质分泌出来，使其沉积成铁矿层。

点评
本段介绍了我国钙藻类化石的发现和分布情况，每一种被发现的钙藻，都有自己独特的名字。

点评
本段篇幅较短，但依然从各个角度比较全面地介绍了最古老的原始植物化石——一种细菌。这表现了作者的文字功底深厚，用词凝练。

1915年华尔科用高倍显微镜观察从美国蒙大拿州基维诺组（相当于我国震旦系）石灰岩中发现的"微球菌"，其直径仅为0.001毫米。

上述这些细菌，既缺乏坚硬组织又如此细微，竟然能从寒武纪以前到现在仍保存到可以鉴定的程度，有人（如美国的雷蒙）持怀疑态度。但也有一些人认为寒武纪以前的古老岩系中含有的大量石灰岩、石墨及一些铁矿，是属于有机成因的岩、矿，是通过当时水体中大量细菌及藻类这些原始生物分泌作用而沉积起来的。例如苏联的维尔纳茨基、别尔格和斯特拉霍夫都认为庞大的"前寒武纪"含铁石英岩矿层是由铁细菌形成的。

从蒙大拿的"前寒武纪"石灰岩中，华尔科又曾找到一些没有定型轮廓的化石碎片，认为是与"翼鲎"或"板足鲎"相接近的一种节肢动物的甲壳。爱基渥次、大卫等从澳大利亚"前寒武纪"地层中所获得的所谓"节肢动物"，据雷蒙说，可能是同样性质的东西。

在苏联，在乌拉尔西坡的里菲界（相当于我国的震旦系）及西伯利亚的震旦系中，也找到钙藻并分为许多属、种，而总称之为"迭层石"。据说在南乌拉尔里菲界的迭层石中曾找到可疑的微体生物化石。

以上是讲的植物化石，下面我们转到动物方面。

在北美洲，主要是在加拿大南部及美国西部，更先后找到零星的动物化石，其中有些也是可疑的、有争论的东西。在北美，对"前寒武纪"化石研究最早、致力最多、费时最久的，还是前面已经讲到的那位美国"权威"华尔科；而对他的工作成果持怀疑甚至否定态度的，则是他的后

读书笔记

————————
————————
————————
————————
————————

点评

本句是过渡句，平缓、巧妙地衔接了上下段落的内容。

辈，另一位美国人雷蒙。有关动物化石的发现简述于下。

海绵化石——1911年，华尔科曾描述在加拿大南部安大略的阿瑟港附近，在"前寒武纪""陡岩系"的石灰岩中所获得化石标本，将其与寒武纪的一种海绵相比拟。以后被证明是无机物所形成，不是生物化石。但华尔科曾报道在美国西南部大峡谷地区的相当于我国震旦纪上部地层中，发现了据说是真正的海绵骨针。

腔肠动物（水母及其他）化石——据说在美国大峡谷"前寒武纪"地层中曾找到过水母化石。从芬兰东部"前寒武纪"石灰岩夹层中，曾找到一种近于床板珊瑚的可疑化石。

环节动物（蠕虫）化石——华尔科曾描述从美国蒙大拿的"前寒武纪"岩层中找到的蠕虫爬行印迹及所掘的空洞。在我国南沱灯影灰岩中也曾发现过蠕虫穿过藻类所留下来的空洞。

在澳大利亚南部震旦纪地层中找到的化石，据说还有翼足类及原始的腕足类。

此外，在欧洲，许多年前，凯耶曾描述从布利塔尼（法国西北部）的变质岩中获得的许多放射虫、有孔虫及海绵，曾一度被广泛接受为"前寒武纪"化石，但也引起怀疑和争论。以后一个法国地质学家指出含这些化石的地层并非"前寒武纪"而可能是泥盆纪。因此，在欧洲曾轰动一时的"前寒武纪"动物群是不足凭信的。

（三）

概括上述，从20世纪初期到现在，超过了半个世纪，人们已找到的寒武纪以前的生物化石，在植物方面仅为蓝藻、细菌及某些不能做确切鉴定的孢子；动物化石方面则为海绵骨针、腔肠动物（水母及另一种可疑化石）、环节动物活动时留下的残迹及翼足类与腕足类。门类虽然不算少，但重要的问题是在于这些零星残缺的生物遗迹，除钙藻外，都是极其少见的；而且它们绝大部分的真实性是有怀疑和争论的。这就使人们突出地感觉到：生物在寒武纪以前的数十亿年漫长的演化过程中，给我们留下的化石竟是如此贫乏，这与寒武纪一开始就出现的颇为繁盛的和相当高级的生物群，远远衔接不起来。对这一现象如何解释呢？

在 18 世纪末叶，法国科学工作者居维叶（1769—1832）提出了"灾变论"。他和他的学生迪奥宾尼认为在地质发展史中，地壳运动形成海陆升降的突然变革，或使海涸为陆并隆起为山脉，或使陆沉为海，每次都给生物带来一次灾乱，而这种灾乱使地球上一切生物灭绝，以后又由一种所谓新的不寻常的"全能的创造力"，将生物又恢复起来。他们并认定物种是永恒不变的，新的和旧的，高级的和低级的物种之间没有演化的关系。旧的物种在一次灾变中完全被灭绝了，以后由"全能的创造力"又创造出一些新的更高级的物种。按照灾变论的说法，则寒武纪以前的生物就可以认为是在一次地壳运动所引起的灾变中被毁灭得毫无踪影，寒武纪的动物则是以后由什么"全能的创造力"一下子创造出来的了。这是地地道道的形而上学的观点。随着生物科学的发展，特别是在达尔文的《物种起源》一书问世后，这一类带有浓

字词释义

衔接（xián jiē）：指后一事物与前一事物相连。

双引号的使用

此处双引号的作用为引用，这里是引用"灾变论"主张者的说法。

字词释义

地地道道：真正的；纯粹的；实实在在的；负责任的。

厚宗教迷信的说法就越来越站不住脚了。

由于在我国以及其他国家先后发现基本上没有变质、适于保存化石的那一套寒武纪以前的地层（即震旦系），人们也不能再说寒武纪以前化石的贫乏是因为那个时代的地层屡经剧烈破坏，不能保存化石了，于是转到生物本身上来寻找原因，因而把注意力集中到另一方面的解释，即寒武纪以前的动物缺乏坚硬的钙质外壳或骨骼，即缺乏被保存为化石的条件，认为这是寒武纪以前化石特别稀少的主要原因。

那么，为什么那时的动物没有钙质骨骼呢？对此，近代西方的学者根据某些片面的认识，曾试图做出各种解答，主要的可分为四种：

（1）因为寒武纪以前的海水中缺乏钙质；

（2）寒武纪以前的海水中含有较多的氯及其他游离的化学元素，使海水变为酸性的，阻止了生物钙质骨骼的形成；

（3）现在能见到的寒武纪以前的地层都是大陆上的淡水停积物，而淡水含钙量很低；

（4）寒武纪以前的动物都是漂浮在海水表层的浮游动物，钙质介壳或骨骼太重，对浮游生活不利，因而没有形成钙质骨骼。只有到了较晚的寒武纪或更晚的奥陶纪，在海底生活的底栖动物才形成笨重的钙质介壳或骨骼。

关于一、二两种说法，只要看一看我国震旦纪的厚度大而分布又广的石灰岩层，就可以肯定那时的海洋不缺乏钙质；海水中既然含有大量的钙，也就不是什么酸

点评

此处直接指出了近代西方学者解答的缺陷，即片面、牵强。

名词解释

浮游：意为在水中漂浮移动；漫游。

名词解释

底栖动物：指生活史的全部或大部分时间生活于水体底部的水生动物群。

性的了。

关于第三种说法，把寒武纪以前所形成的地层全部说成是大陆停积，是没有根据的。像我国的震旦纪石灰岩，与中、新生代陆相沉积的碎屑岩显然不同。退一步说，即使是陆相停积，也不能作为钙质骨骼不能形成的理由，因为我们知道，大陆上湖水及河水中的动物，如常见的淡水螺蚌，也具有钙质介壳，因而也能被保存为化石。

第四种说法，是雷蒙及布鲁克斯所主张的。他们认为"前寒武纪"动物为适应浮游生活，故无钙质骨骼，但指出可以有较薄、较轻的几丁质或硅质骨骼。这个说法好像能说明寒武纪以前的动物没有钙质骨骼的原因，但并不能解答寒武纪以前的动物化石何以如此贫乏的问题。因为钙质骨骼固然是保存化石的良好条件，而几丁质的介壳也同样能保存为化石，寒武纪地层中保存得很好的大量的三叶虫以及常见的舌形贝，正是具有几丁质的外壳。那么，那些没有钙质骨骼但可以具有几丁质外壳的寒武纪以前的动物，为什么也不能像寒武纪的三叶虫及舌形贝那样被保存为化石呢？

如上所述，近代西方学者的种种解释，并没有能够真正地解答问题。其实，寒武纪以前生物化石的贫乏并不是什么奇怪的事，因为生物在萌芽和发展的初期，个体的数量就是比较小，分布的面积不广，分布的密度不大，因而能被保存为化石的机会就更少。虽然我们不能排除这种可能性，即今后随着地质、古生物工作的扩展和深入，还会在寒武纪以前的地层中找到若干零星的生物遗迹，但即使如此，由于寒武纪生物群的大发展，包括若干主要门类的

字词释义

螺蚌（luó bàng）：螺与蚌。亦泛指有贝壳的软体动物。

点评

"好像"两个字，意味着作者对这一说法并不十分肯定，还存有一定的疑虑和不确定性。

点评

通过推理，作者表明了自己的疑问。

生物（如三叶虫等）发展的飞跃，因而在寒武纪以前的古老时代与寒武纪之间，生物的演化是存在着一个很大的不连续（间断）。寒武纪以前的漫长的古老时代，是生物孕育、萌芽和发展的初期阶段，那时的生物群，作为整体来看，它的演化是缓慢的。这种长期的缓慢的演化，为生物体本身准备了质变的飞跃和大量繁殖的条件，因而一旦到达寒武纪，在适宜的外界环境条件（例如海水的温度、溶解的物质成分及营养物质等等）的促使下，就出现一个大发展，从而产生了大量的和较高级的生物。

生物发展的不连续性，在寒武纪与"前寒武纪"之间是异常突出的。在以后的各地质时代，这种不连续还陆续出现，使不同时代的生物群呈现显著的差异。总的说来，在每次不连续之后，就有更高级的生物通过质变的飞跃而出现，因而我们有可能根据不同的化石生物群来鉴别不同地层的先后时代。由于不同时代的地层往往含有不同的沉积矿产（例如震旦纪以前古老变质岩系中的沉积变质铁矿，震旦纪地层中的铁矿、锰矿，寒武纪早期地层中的磷矿，泥盆纪地层中的沉积铁矿，石炭纪地层底部的铝土矿，石炭二叠纪及中、新生代地层中的煤矿、石油与天然气以及盐类矿产，等等），因而古生物学的工作，通过对地层时代的鉴别，在寻找矿产资源为社会主义建设服务方面，具有重大的实际意义。

点评

经过上述种种论述，到了这里，作者开始进行归纳总结。

点评

作者把古生物学的研究和社会主义建设结合起来，非常务实。

二 动物界的第一次大发展

地球发展到了寒武纪时期（距今 5 ~ 6 亿年），就出现了大量的、门类众多的和较高级的动物。寒武纪以前的生命的星火，到这时已成燎原之势。这是地球上动物界的第一次大发展，具有划时代的意义。

从化石来看，在寒武纪初期出现的动物，除脊椎动物外，几乎所有的主要门类都有了。其中最多的是节肢动物中的三叶虫，约占化石保存总数的60%，其次为腕足类动物，约占30%，其他节肢动物、软体动物、蠕虫及古杯海绵等共占10%。

腕足动物是具有一对外壳的海生动物。软体动物中有头足类及腹足类。古杯海绵是固着在海底的一种古老生物，具有多孔的内壁及外壁等较为复杂的结构。蠕虫化石由于不易保存，比较少见。节肢动物除三叶虫外，比较常见的则为甲壳类的古介形虫。

寒武纪动物群中最为突出的是三叶虫。它是世界各地常见的化石。我国为产三叶虫化石最多的国家之一，从新疆到苏、浙，从东北到西南，自寒武纪到二叠纪的地层，都有三叶虫化石发现。目前已正式鉴定和描述过的计有376个属，1233个种，还将继续有所增加，其中以寒武纪的为最多。

三叶虫的种类繁多，形体大小不一，最大的可长达70厘米，最小的不足1厘米。绝大部分的生活情况是游移于海底，以原生动物、海绵、腔肠动物或这些动物的尸体以及海水中细小植物为食料。三叶虫是比较高级的节肢动物，如在我国寒武纪初期的页岩中经常可以找到的"莱得利基虫"，其躯体各部分结构已经分化得很好，有头部、胸部及尾部。头部结构复杂，有一对眼睛；

点评

这句话让我们联想到一个成语：星火燎原。

做诠释

做诠释是说明方法的一种，是从一个侧面，就事物的某一个特点做些解释。这里诠释了腕足类动物、软体动物、古杯海绵的特点。

细节描写

细节描写是指抓住生活中的细微而又具体的典型情节，加以生动细致的描绘。此处细致入微地描写了"莱得利基虫"的外形特征。

胸部有十几个胸节；尾部由若干体节互相融合而成。头、胸、尾部都生有多节的附肢。其他如寒武纪中期的"德氏虫"及晚期的"蝙蝠虫"等，结构也都比较复杂。由于演化迅速，在不同的时期出现不同的种，故三叶虫成为对下部古生代地层特别是对寒武纪各期地层进行划分与对比的标准化石。

寒武纪早期的软舌螺化石，产于我国西南各省寒武系底部的磷矿层中，故这种化石可作为在西南各省寻找磷矿的标志。

正因为是动物界的第一次大发展，所以寒武纪的动物群一方面含有大量的较高级的动物三叶虫，另一方面也还在某些动物方面保留着一定的原始性。例如：这个时代的腕足类动物是以比较原始的具有几丁质外壳的无铰纲为主；软体动物也是细小的、比较原始的类型，如上述的"软舌螺"及"似海螺"等。这也说明了在同一时期不同门类的生物发展的速度不等，显示着发展的不平衡性。

生物演化的历程包括许多次飞跃，而每次飞跃就有更高级的生物出现并形成一次大发展，给当时整个的生物群带来崭新的、繁荣的面貌。在寒武纪以后，动物界还继续经历多次大发展，而在寒武纪的大发展，则不过是"春雷第一声"。例如：在奥陶纪突然繁殖的笔石群及大型的头足类直角石和珠角石等，在志留纪大量繁殖的珊瑚及腕足类，泥盆纪大量繁殖的水生脊椎动物鱼类，上部古生代繁盛的、具有纺锤形复杂外壳的原生动物蜓类，中生代的恐龙之类的大型爬行动物以及新生代的哺

归纳推理

归纳推理是一种由个别到一般的推理。本句由软舌螺化石产于磷矿中，得出该化石可作为寻找磷矿的标志这一结论，属于归纳推理。

比喻

把动物界在寒武纪的大发展比喻为第一声春雷。

乳动物，如此等等。所有这些盛极一时的动物，都是经过质变的飞跃而产生并大量繁殖的。它们的出现，使不同时代的动物群具有不同的时代特征。

三　植物界的第一次大发展

地球上的植物，是以最原始的形态先出现在海水（或其他水盆地）中。有漫长的时期陆地上基本上没有植物，几乎到处是童山和荒漠。大地换上绿装，是开始于泥盆纪（距今 4 亿到 3.5 亿年）。

在泥盆纪以前，主要是生长在海水中的原始的水生植物，一类是单细胞、单细胞群体并还没有叶绿体的细菌和蓝藻；另一类是单细胞、单细胞群体或多细胞而具有叶绿体的其他藻类。在北京人民大会堂铺地的大理石磨光的面上，有很多一环套一环的美丽花纹，很像是寒武纪以前的钙藻化石的各式各样的剖面。

我们知道比较确切的第一个相当繁盛的陆地植物群，就是泥盆纪植物群。也就是说，地壳发展到了泥盆纪，植物才大量从水中"登陆"，实现了从"水生"到"陆生"的飞跃。而随着这个水陆环境的变革，一些新的陆生植物迅速繁殖，并有原始的裸子植物出现。这是植物界的第一次大发展。

在泥盆纪早期和中期达到繁盛顶峰的植物群，是以裸蕨为代表，称为裸蕨植物群。裸蕨是最原始的陆生植物。这种植物的茎的分化还很不完全，没有叶子，只有枝的分叉，细弱的茎和枝都裸露，故名。

字词释义

盛极一时：形容在一段时期内特别兴盛或流行。

点评

地球上最早的植物竟然是在海水中出现的，真令人意想不到。

分类别

把泥盆纪以前的水生植物分两类说明。

字词释义

裸露（luǒ lù）：暴露在外；没有遮盖或遮蔽。

具有叶子的植物（虽然是微弱的孢子叶），如鳞木植物中的原始鳞木，在泥盆纪中期已经大量出现了。值得我们注意的是，在泥盆纪晚期，也开始发展了高达数米的小型乔木或灌木，像种子蕨一类的植物。种子蕨一类的植物化石，是已发现的最古老的裸子植物化石。

到泥盆纪晚期，裸蕨完全灭绝，代之而起的是大型的原始裸子植物，叫作古羊齿。这时很多植物已经是大型乔木，叶子发达，茎干粗壮，如鳞木类的圆痕木就是这时乔木的一种。这时丛林高树，呈现空前的繁荣景象。

对于泥盆纪陆生植物的迅速繁盛，人们往往感到是很突然的，因为在比泥盆纪更古老的地层中，迄今没有找到可以作为泥盆纪植物发展前一阶段的所谓过渡型的化石植物群。根据现有的资料，不仅太古代和元古代只有原始海生菌、藻为比较可靠的植物化石，在下部古生代，从寒武纪一直到志留纪中期的植物化石，也仍然是以海生菌、藻类群为主。

从泥盆纪前的原始海生菌藻植物占统治地位转到泥盆纪陆生植物占统治地位，这种转化，是植物界发展中的一次大飞跃。因而，使植物界的演化在泥盆纪以前的时代与泥盆纪之间，形成一个明显的不连续（间断）。植物界在泥盆纪以前的漫长时期的演化，为某些类型的植物的飞跃发展准备了条件。志留纪与泥盆纪之间的地壳运动，使大陆普遍上升，海水撤退，海面缩小，因而原来为海，特别是为浅海的地区，变为低湿的平原或具有洼地的丘陵地带。这是促使那些本身具有一定条件、能适应这种环境变革的植物从水生转为陆生的外界因素。

景物描写

描写了泥盆纪晚期大型原始裸子植物兴起，丛林高树繁茂的景象。

读书笔记

204

泥盆纪陆生植物的迅猛发展，只是植物界的第一次大发展，此后还有多次大发展；而每次大发展包括若干门类中某些植物的质变的飞跃，因而在每次大发展中就有更高级的植物出现。例如在石炭、二叠纪构成茂密森林的鳞木、封印木、芦木、科达树、大羽羊齿等，在中生代特别是在侏罗纪最为繁盛的裸子植物，在第三纪最为繁盛的被子植物，等等，都是植物界各次大发展中的产物。它们的繁殖给不同时代的植物群带来不同的特征，因而我们能够利用这些植物化石来鉴别含化石地层的时代。由于这些古植物在一定的地质时代是"成煤植物"，我们可以把这些植物化石当作标志，来寻找各个产煤的地质时代的煤层。

点评

这里又教给了我们根据植物来寻找煤层的方法。植物的作用真的好神奇。

四 古生物工作中涉及进化论
的一些主要论点

生物工作者，很清楚不能撇开古生物的调查研究工作，他们借助于古生物学的资料，有力地促进了进化论的形成和发展。

生物界在过去曾受许多和地球本身的历史有关的改变，这种思想首先表现在法国科学工作者标峰（1707—1788）的著作中。按照标峰的意见，在地球上有了生物的时候，生活条件（包括地理和气候条件）的改变必然反映在有机体的结构上，使有机体发生变异。这种见解可以说是进化论的开端。

与标峰同时的瑞典植物学工作者林奈（1707—1778）

字词释义

撇开（piē kāi）：放在一边，丢开。

所倡导的"特创说"，认为万物既经创成，永久不变。林奈在当时声名很大，所谓"特创说"风靡全欧。当时教权仍极强盛，由于受到宗教监察的迫害，标峰在他出版较晚的著作中不得不删掉或修改与宗教相矛盾的部分。

标峰关于物种演变及从简单发展到复杂的见解，为法国著名的自然科学工作者拉马克（1744—1829）所广泛宣传。拉马克是古无脊椎动物学的创始人。他在1815年的著作中，将他的生物进化学说总结为四条：

（1）生命以其固有的力，趋向于不断地增大每个生物体的体积，并扩大生物的各部分，直到它所达到的限度；

（2）动物机体的新器官的产生，是由于增加了使动物不断地感觉到一种新的需要的结果；

（3）器官的发展及其活动的力量，是经常与其运用成正比例；

（4）生物体的组织在个体生活过程中已经获得的、废弃的以及改变的一切性能，是被保存下来并遗传给遭受过这些变化的个体的后代新个体中。

上述四条是互相联系、不可割裂的。第二条曾被称为动物器官根据"欲望"而演变的假说，这显然是把这一条和其他各条割裂而加以歪曲，因为拉马克并没有说动物的欲望直接影响它的形体，而是说变更了的需要引起生活习性的变更，从而导致新器官的形成或原有器官的改变。这可以同第三条即著名的"用进废退"定律联系起来看。按照拉马克的意见，动物的新的"需要"是由外界环境的变化所引起的。环境的变化导致动物活动

字词释义

风靡（mǐ）：形容事物很流行，像风吹倒草木一样。

点评

这就意味着拉马克非常赞同标峰的观点。

字词释义

用进废退：指生物体的器官经常使用就会变得发达，而不经常使用就会逐渐退化。

产生新方式，从而引起器官形体的增大或产生其他方式的官能。反之，动物体其他部分的废而不用，就导致这部分的退化。只有这些有结果的实质的变异才被遗传，这就是上列第四条，即获得性的遗传。拉马克举出了一些实际例证。例如：非洲长颈鹿的祖先，原来是颈子并不长的普通鹿，后来因气候变化，地上的草变少了，不得不经常伸长颈子和前腿来吃树上的嫩叶。这样经过多少世代，颈子和前腿愈来愈长，终于形成长颈鹿。

拉马克虽然受了18世纪形而上学的思想教育，却敢于和当时占绝对统治地位的形而上学观点展开斗争。他反对林奈的"特创说"和居维叶（1769—1832）的"灾变论"，打击了物种不变的观念。

与拉马克同时，以研究动物体内部结构为主的圣希雷尔（1772—1844），他有些见解具有生物进化论的思想因素。例如他认为在同一门范围内动物体结构上的变异，是外界环境的直接影响所起的作用。在这一观点上，圣希雷尔是达尔文主义的先驱者之一。但是，他所提出的关于全部动物界具有一个"原来的、统一的结构图案"的说法，却又违反了生物发展观点。

值得提出的是1830年7月圣希雷尔和居维叶这两个法国人之间展开的著名的论战。论战的主题是关于软体动物与脊椎动物的机体结构是否像圣希雷尔所说的为一个"统一的结构图案"问题。统一结构图案的说法，恰恰是圣希雷尔的错误的一面。论战的结果是形而上学者居维叶等人胜利了。但实际上适得其反。在论战中一些科学工作者和哲学工作者展开了一般原则性的争论，使

点评

原来在很久之前，长颈鹿的脖颈并不那么长啊！

点评

这说明拉马克勇气可嘉，是一位非常了不起的科学工作者。

字词释义

澄 清（chéng qīng）：指搞清楚，弄明白。

字词释义

颇有建树：指在某些方面很有功绩，或者在事业上有很大的成就。常用来称赞别人，是褒义词。

字词释义

集其大成：集合各种优点长处，覆盖各个方面。

进化观念的拥护者澄清了某些错误，找着了更正确的途径来证明他们的观点。因此，这次论战反而有助于以后进化理论的发展。这是居维叶所意料不到的。

在 18 世纪，瑞典人林奈对生物分类学做了大量工作。但他认为一切生物都是由神所创，各有天赋特征，固定不变。这就是上面已提到的"特创说"。居维叶在研究化石方面颇有建树。由古代生物的遗体或遗迹所形成的化石，本是生物演化的一种有力的实证，而居维叶则终其身反对生物进化的理论。但和他的意愿相反，他自己在分类学、比较解剖学和古生物学方面的大量工作成果，却为 19 世纪后半期唯物主义生物进化学说的确立，提供了有力的根据。

在 19 世纪中叶，达尔文（1809—1882）一方面承继了标峰、拉马克等前人生物发展学说中的正确论点，并集其大成；一方面通过他自己长期调查研究的创造性的实践，把生物发展的理论提高到更完备的、更成熟的阶段，确立了进化论。

达尔文学说的主要内容可概括为四部分：

（1）变异性与遗传性。肯定了变异性是生物的共同特性，变异的主要原因是生活条件的变化。引起变异的生活条件如果保持下来，这种变异就会遗传给后代，而且会一代一代地加强。这就是"变异累积定律"。

（2）人工选择，获得新品种。人类对那些产生符合人类需要的变异的家畜和作物，连续进行选种，使变异愈来愈显著，因而获得具有显著差别的家畜和作物品种。

（3）自然选择，适者生存。自然界中影响生物进化的要素是和人工选择相类似。在自然条件下，由于生物彼此之间及生物与周围环境条件之间的复杂关系，在较长的时间过程中，那些较不完善的，即对环境的适应性较差的类型，就会逐渐被淘汰；那些较能适应周围条件的类型就会保存并发展。

（4）新种的形成。在自然选择过程中，逐渐发生性状差异的加强和累积，于是在一个种之内形成了各种不同的变种。变种之间的差异进一步加深，就成为各种不同的新种。

达尔文与拉马克的学说，在生物的发展观这个大方向上是一致的；在个别具体论点上还有不尽相同之处。例如：对于变异与遗传的解释，拉马克侧重在生物器官"用进废退"这方面；达尔文则较全面地阐明了自然选择的作用。

值得提出的是，德国动物学工作者赫克尔（1854—1914）所建立的"重演说"，认为生物个体发育的各个阶段，是将这个生物所属的种族从远古祖先历代演化的一系列状态（历代变化，又称系统发生），在一定程度上重新表演出来。赫克尔指出：个体发展的历史，是种或种族的发展历史的简短重复。各种多细胞动物的个体发育，特别是在幼虫时期，都经历大体相似的阶段，这表明了动物起源的共同性。赫克尔的重演说，有力地支持了达尔文的进化论。

自1859年达尔文的《物种起源》一书问世后，生物进化的思想逐渐为人们所接受。过去在一定程度上借助于古生物学资料而逐步形成和发展的进化论，以后转过来促进了古生物学的发展。但是，究竟是什么力量推动了生物的发展，这显然是进化论的关键问题。庸俗进化论者扩大了达尔文学说中的缺点，片面地强调外因的作用，否认内部矛盾是事物发展的根本原因，只承认事物的渐变，否认质变的飞跃。这是极其错误的。

与生物发展学说密切关联着的遗传学中，出现了一些不同的论点。有些形而上学的论点，例如认为各种有机体内都具有永生和不变的有机质，把它们的特点一代一代地传下去，这样就为资产阶级的"优生学"和法西斯的"种族主义"提供了一种"理论"基础，是极端错误和有害的，应予严厉批判。不过那些论点同以化石为研究对象的古生物学关系不大，不在这里讨论。

五　人类的出现

自然界中生物的发展，终于导致人类这种能改造和征服自然的特殊生物的出现。

真正的人，能制造工具的人，是出现在最近 100 万年之内。对悠远的地球发展史来说，100 万年只是一个很短暂的时间；但和人类有文字记载的历史相比，毕竟是太远了。人们总想弄清这 100 万年之内发生的事情。

最初，在世界各民族中都流传着关于人类起源的各种神话和传说。拉马克在 1809 年出版的《动物哲学》这本书里，指出人类是起源于类人猿，才开始突破了传统的神话传说，震撼了宗教迷信。达尔文在 1871 年出版的《人类的起源与性的选择》一书中，指出人类和现在的类

点评

"改造""征服""特殊"三个词，揭示了人类的伟大之处。

字词释义

震撼（zhèn hàn）：指土地剧烈摇动。也指内心受到强烈的冲击或感动，精神或情绪剧烈起伏或波动。

人猿有着共同的祖先，是从已灭绝的古猿演化而成的，从而阐明了人类与动物的共同性，进一步奠定了人类在动物界的位置。伟大的革命导师恩格斯在1876年写的《劳动在从猿到人转变过程中的作用》的著名著作中，运用辩证唯物主义的观点，揭示了人类起源和人类社会产生的规律，提出了劳动创造人的科学论断。恩格斯不仅肯定了人类与高等动物的一般的共同性，更重要的是指出了人类与动物最本质的区别，即人类能制造工具并使用工具从事劳动，来支配和改造自然；而一般动物则不能。本身具备着可能发展条件的人类的远祖，正是在一定的环境条件下从古猿分化出来之后，通过必需的生活活动，使前肢解放为手，用双手制造并使用工具来改造自然，在改造自然的进程中逐步改造了自身，终于由接近类人猿的原始人发展成为现代人。

　　人类的发展可以分为"古猿—猿人—古人—新人"这四个阶段。在我国发现的"中国猿人""马坝人"及"山顶洞人"，分别属于猿人、古人及新人阶段。实际上，每个阶段都包含着人类在发展中的一次质变的飞跃。

　　（一）人类发展的第一阶段——古猿开始从猿的系统中分化出来

　　人类究竟是在什么时候从猿的系统中分化出来的呢？对于具体时间，现在还有不同意见，但都认为是在第三纪的某一个时期，可能是中新世或其前后，即在渐新世晚期到上新世早期，距今3000万年到1000万年的时期之内。至于能制造工具的人的出现，却在第四纪，

> **点评**
> 　　充分肯定了恩格斯关于人类起源和人类社会产生规律论断的科学性。

> **破折号的使用**
> 　　此处破折号的作用为表示副标题。

即在最近的 100 万年之内。从猿的系统分化出来之后，一直到能制造工具的人的出现，这一段漫长的过程，是真正从猿到人的过渡阶段。

在中新世或其前后，由低等猿类中分化出现了大型的类人猿。将现代类人猿体格结构的解剖性状与这种古代类人猿的化石进行比较研究，可以知道古猿躯体各部分结构，是在高级动物中与人类最接近的。正因为古猿本身结构具有与人相接近的性状，在一定的外界环境的作用下，古猿才有可能离开猿的系统而向着人的方向发展。

在树居生活环境的影响下，古猿躯体各部分在漫长的岁月里继续发生着缓慢的演化。例如它们在树上生活时，常用前肢（手和臂）采摘果实和捕捉小虫，后肢（腿和脚）则紧握树的枝干以支持全身重量。又如，它们在树上依靠"臂行"来移动，即用前肢攀握树枝来移动身体。当用前肢向上攀缘时，后肢就会呈现直立的姿势。长期这样的活动，就引起骨骼和韧带结构上的某些变化，为手和脚的进一步分化及两腿直立行走的进一步发展，准备了条件。

依据古气候资料，可能是由于在第三纪早期即已开始的地壳运动，大陆上升，引起气候及地形的变化，在第三纪中期，在北半球中纬及南纬的广大地区，气候变冷和干旱，森林大片消灭。在第三纪中新世末期和上新世早期，古猿生活的地方已经不是大片连续的热带森林，而是有草原间隔的树丛。因此，古人类工作者认为，大片森林的消灭，是促使古猿从树上转到地面并逐渐运用

动作描写

通过描写古猿在树上生活时的动作，来说明它们是如何通过动作影响骨骼和体型进化的。

动作描写

为了生存，古猿要不停地改变自己，适应环境的变化。

两足行走以适应地面生活的外界因素。

古猿转到地面生活后，开始时可能像现代类人猿以半直立的姿势行走，即当后肢起立行走时，仍需弯着腰用前肢手指的背面着地来起支撑作用。等到前肢离开地面，完全用后肢行走并支撑全身重量时，前、后肢就发生了决定性的分化。从四肢着地到两肢直立行走，是古猿从猿的系统分化出来之后的一次质变的飞跃。

在欧洲和亚洲发现的第三纪上新世早期的"森林古猿"，化石比较零星，多为牙齿和上下颌骨碎片。其中有的种类与现代的某种大猿相似。另外，像在印度发现的某些古猿化石，就显示与人相似的性质。

在非洲发现的几种类型的似人似猿的化石，总称为"南方古猿类"。这类古猿化石是在第四纪更新世早期的地层中发现的；但它们向着人的方向的发展，很可能是在更早的时期即在第三纪后半期即已开始，而一直生存到第四纪更新世早期。有的古人类工作者认为，南方古猿是生存在第三纪之末与第四纪之初。总之，根据目前的认识，南方古猿类是代表在猿人以前的人类发展阶段。

南方古猿的各部分化石骨骼都显示与人相似而与猿不同；而且所有骨骼的解剖性状，都一致表明它们已能直立行走；头脑较为发达，脑量（450～650毫升）高于一般化石猿类和现代类人猿。它们是处在人类最原始的蒙昧时代，已经在生活活动中本能地使用石块、木棒等天然工具，但一般还不能制造工具。

在我国广西柳城和大新等地山洞中发现的"巨猿"（或称"巨人"）化石，根据其牙齿和下颌骨异常硕大等

点评
这是人类进化史上非常关键的一步。

点评
从骨骼、头脑两方面剖析南方古猿已经脱离猿类，接近人类。

字词释义
蒙　昧（méng mèi）：形容不懂事理；另指没有文化以前的原始状态。

特点看来，可能是似人的古猿系统上灭绝了的一个旁支。

许久以来，是把能制造工具的猿人当作最早的人类。至于南方古猿究竟是猿是人，则争论很久。目前古人类工作者已基本上一致认为，南方古猿在发展进程中已经经过从四足着地到两足直立行走的质变，应包括在人的范围之内。人类的范围因此扩大了，由于南方古猿远比猿人为早，人类的历史也因之大大延长了。

1959 年英国人利基在东非坦桑尼亚奥杜韦峡谷发现了一个头骨，定名为"东非人"。产化石地层经过同位素年龄鉴定，证明"东非人"生存的时代是在 157 万年到 189 万年前。经过激烈争论之后，1961 年将"东非人"改名为"南方古猿鲍氏种"，即属于南方古猿类型。

1960 年利基又在发现"东非人"的同一地点发现头骨和其他骨骼化石，因层位比"东非人"稍低，当时曾称之为"前东非人"，1964 年又将正式学名定为"能人"。近年来有不少古人类工作者主张"能人"也应归入南方古猿类型，其生存时代更在"东非人"之前。

（二）人类发展的第二阶段——猿人

猿人是第一次能用双手制造工具的人，它和那种只能本能地使用自然工具（石块、木棒）的一般南方古猿有了本质的区别。猿人能用双手制造石器，显示手的发展有了质变的飞跃。这种质变当然引起脑部以及全身各部分的相应的发展。

中国猿人（全名为"中国猿人北京种"，或简称"北京人"）在我国的发现，是对古人类学的一个重大贡献，

名词解释

同位素年龄鉴定：地质学家确定地球及岩石形成时代的一种重要手段。

点评

通过比较说明的方法分析了猿人和南方古猿的本质区别。

发现于北京西南周口店的石灰岩洞穴中。从 1927 年到 1937 年陆续发掘到头盖骨、下颌骨和许多牙齿及其他骨骼，新中国成立后陆续有发现。这些化石显示中国猿人头骨远比现代人低，头额向后倾斜，面部向前突出，眉脊高高突起，牙齿比现代人大而粗壮，脑量（1075 毫升）则比现代人为小。下肢骨基本上具有现代人的形式，前肢已发展为能制造工具的手。但股骨、胫骨的内部结构仍有若干原始性质，类似现代的大猿。

根据猿人骨骼化石及和它们在一起发现的兽骨和石器的研究，中国猿人生存的时代属旧石器时代的早期，距今约 40 万年。它们结成原始人群，生活在猛兽环伺的山林和原野中。它们共同制造工具（主要是石器），用以狩猎和防御野兽并采集植物果实，栖息在山洞内，已能掌握和使用天然火。

在我国陕西蓝田发现的中国猿人蓝田种的头骨与下颌骨，与上述中国猿人北京种基本相同。但蓝田猿人生存时期较早，距今五六十万年。

在外国，有在爪哇发现的爪哇直立猿人，在北非阿尔及利亚发现的阿特拉猿人以及在德国发现的所谓海德堡人等。根据目前的认识，它们和中国猿人的生存时期虽然可能有先后参差，但都属于四五十万年以前的旧石器时代早期的猿人。

(三) 人类发展的第三阶段——古人

从体格的形态结构上来看，古人是介于猿人与新人之间。在地质时代上，古人比新人为早，生存的时代可

细节描写

通过对中国猿人化石的细节描写，展示了中国猿人的进化发达程度，以及它的发现对古人类学的重大贡献。

场面描写

场面描写是对一个特定的时间与地点内许多人物活动的总体情况的描写。这里通过场面描写展示还原了原始人群的生活场景，使当时的场景变成一幅生动而充满感染力的图画。

能是在更新世晚期之初，距今10多万年；文化比新人为原始，属于旧石器时代的中期。由于最早的古人化石是1856年在德国的尼安德特山谷中发现的，在人类学上常把古人化石统称为尼安德特人（简称"尼人"）类型。

根据典型的化石，古人的腿比现代人短，膝稍曲，身矮壮，弯腰曲背，嘴部仍似猿人向前伸出，也没有下巴的突起。所制作的石器比猿人的有很多改进，这说明手部结构有了新的发展，因而更加灵巧。脑量（1350毫升）比中国猿人的大些，脑子的结构复杂些，具有比猿人更高的智慧。可能已经会取火，能猎获较大的野兽，并用兽皮做简陋的衣服。和猿人相比，古人的劳动范围扩大了，生产力提高了。所有这些情况，都显示古人在发展的进程上比猿人又向前跃进了。

古人发明衣服和取火，是在人类发展史中继猿人创造石器之后的两件大事。因为，像我国关于远古的传说那样"钻燧取火，以化腥臊"，就会扩大食物的范围；同时能制作衣服和随时随地能取火御寒，就能适应不同地区的各种气候条件，扩大了人类的活动领域，因而古人能分布在亚、非、欧广大地区。由于劳动协作的需要，在古人阶段的末期，应已具有形成原始社会的基本条件。由蒙昧的群居到社会组织的形成，是人类发展史上的一个非常重大的飞跃。

在我国已发现的古人化石，有广东曲江的马坝人、湖北西部的长阳人以及山西汾河流域的丁村人。这些化石的发现，显示当时华北、华南都有原始人类在生活着。马坝人和长阳人生活在江南时，江南气候温热湿润。在

字词释义

简陋：简单粗陋；不完备。

字词释义

钻燧（suì）取火，以化腥臊：用钻打火石取火，以消除食物的腥臊。出自《韩非子·五蠹》。

密林丛草中生活着大部分与现今在那里的相似的动物，如熊猫、剑齿象及犀牛等。丁村人生活在太行山西边的汾河流域。当时那里的气候比现在要温暖些。它们经常活动在汾河两岸的广阔地区，在这里制石器、取饮水、猎野兽。丁村人制作的石器，比中国猿人时期有显著的进步，出现了比较精细的石器，打制技术有较大的提高。

（四）人类发展的第四阶段——新人

新人是古人的后裔，但在发展上又有了新的飞跃。这种飞跃首先表现于新人的体质结构和形态，除去某些细节外，非常像现代人，它们已属于"智人"种，即现代人种。新人化石所显示的体质特征是：身材比较高大；四肢的特点是前臂比上臂长，小腿比大腿长；直立行走的姿势和现代人一样，不像古人那样弯腰曲背；颅骨高度增大，额部隆起，下巴突出；平均脑量与古人相同，但大脑皮层的结构更复杂化。

新人开始出现于最近10万年之内，即更新世晚期的中叶。这时期的文化是处于旧石器时代的晚期。它们的分布比古人更为广泛，亚洲、非洲、欧洲、大洋洲和美洲，都发现了这一类型的人类化石。

在我国发现的新人化石，在华北有周口店的山顶洞人和内蒙古的河套人；在华南有广西的柳江人和四川的资阳人等。这些新人化石头骨显示黄种人的特征。在法国发现的新人称为克罗马努人，则具有某些白种人（欧罗巴人种）的特征。

新人的劳动经验和技能有了更大的进步，会制造复

读书笔记

点评
　　全面描写了新人的进化程度。

杂的石器和骨器，是机智的猎人。它们取火烤煮食物，大大地减轻了用嘴巴撕咬生肉时的用力，因而原来向前突出的嘴巴向后退缩，相反在嘴巴下面出现了向前突出的下巴。山顶洞人的劳动工具有骨针，显示它们能用兽皮之类缝制衣服，比古人的那种简陋衣服应该有了改进。

由于劳动效率提高，新人开始能腾出时间来从事艺术活动。例如山顶洞人在制作劳动工具之外开始制造比较美观的装饰品，如穿孔的小石珠、挖孔的兽牙、磨孔的海蚶壳和刻纹的鸟骨管等。这些艺术品的制作，需要较高的技术。在欧洲（法国、西班牙、苏联），曾在新人（克罗马努人）居住过的洞壁上发现以动物为题材的壁画。

从新人阶段起，现代各主要人种开始分化出来。例如上述在我国发现的山顶洞人具有黄种人的特征，是蒙古人种的祖先；在法国发现的克罗马努人具有白种人的特征，是现代欧洲白种人的祖先。

人类文化的发展，经过新人阶段的旧石器时代晚期以后，先后进入新石器时代及金属时代。愈到后来发展愈为迅猛。从新石器时代的开始到现在至多不过1万年，金属时代的开始到现在不过数千年，人们开始利用电能到现在不过100多年，原子能的利用则仅是最近几十年的事；而新石器时代以前的发展阶段，则动辄以数十万年到千百万年计。由此可见，人类的发展不是等速度运动，而是类似一种加速度运动，即愈到后来前进的速度愈是成倍地增加。

我的笔记

日积月累

破天荒　支离破碎　轰动一时　衔接

永恒不变　地地道道　浮游　燎原

盛极一时　裸露　撇开　风靡　澄清

颇有建树　淘汰　硕大　动辄

拓展训练

再次认真阅读相关内容，简单画出动物、植物、人类的进化路线图。

延伸思考

1. 最早的人类是怎样进行艺术创作的？

2. 最早的人类是如何表达思想情感的？

3. 人类作为高级动物，高级在哪些地方？